矛盾思考

翻轉兩難情境，找到問題的新解方

安齋勇樹 Yuki ANZAI、舘野泰一 Yoshikazu TATENO｜合著
許郁文｜譯

PARADOXICAL THINKING

パラドックス思考
矛盾に満ちた世界で最適な問題解決をはかる

經營管理 183

矛盾思考

翻轉兩難情境，找到問題的新解方

作　　者 —— 安齋勇樹（Yuki ANZAI）、舘野泰一（Yoshikazu TATENO）
譯　　者 —— 許郁文
封面設計 —— 陳文德
內頁排版 —— 薛美惠
企畫選書
責任編輯 —— 文及元
行銷業務 —— 劉順眾、顏宏紋、李君宜

總 編 輯 —— 林博華
事業群總經理 —— 謝至平
發 行 人 —— 何飛鵬
出　　版 —— 經濟新潮社
115 台北市南港區昆陽街 16 號 4 樓
電話：886-2-2500-8888 傳真：886-2-2500-1951
經濟新潮社部落格：http://ecocite.pixnet.net

發　　行 —— 英屬蓋曼群島商家庭傳媒股份有限公司城邦分公司
115 台北市南港區昆陽街 16 號 8 樓
客服服務專線：02-25007718；02-25007719
24 小時傳真專線：02-25001990；02-25001991
服務時間：週一至週五上午 09:30-12:00；下午 13:30-17:00
劃撥帳號：19863813；戶名：書虫股份有限公司
讀者服務信箱：service@readingclub.com.tw

香港發行所 —— 城邦（香港）出版集團有限公司
香港九龍九龍城土瓜灣道 86 號順聯工業大廈 6 樓 A 室
電話：25086231 傳真：25789337
E-mail: hkcite@biznetvigator.com

馬新發行所 —— 城邦（馬新）出版集團 Cite(M) Sdn. Bhd. (458372 U)
41, Jalan Radin Anum, Bandar Baru Sri Petaling,
57000 Kuala Lumpur, Malaysia.
電話：+6(03)-90563833 傳真：+6(03)-90576622
E-mail: services@cite.my

印　　刷 —— 漾格科技股份有限公司
初版一刷 —— 2024 年 3 月 7 日
ISBN：9786267195604、9786267195611 (EPUB)

定價：480 元

推薦序

催生裂縫，找到可能性

文／王少玲（資深組織發展工作者）

人生難免有些許糾結，更多的兩難……究竟留在原職務，等待轉機，還是跳槽發展更好？換工作還是創業呢？要先找工作歷練一番，還是繼續攻讀學位？過去也經常有即將畢業的同學問我：要在台商還是外商工作比較好？高階主管會問我：團隊領導是要威權管理還是自主管理比較好？當你有兩個同性別雙胞胎的孩子生日時，你要買一樣的禮物，表示你的公平性；還是要依照他們各自的「想要」購買？由哈佛大學政治學教授麥可・桑德爾（Michael J. Sandel）所提出，舉世爭議的知名道德困境「電車難題」中，究竟選擇五位工人被撞死「比較好」還是一個工人？當媽媽和女友同時溺水，而你只能救一位時，你要救誰？（某個年代婚前的熱門考題）。這裡的許多煩惱，源自於人心「既要、也要」，甚至「還要」的兼得思維；但我們傾向以「非此即彼」的方式面對。

兩難議題出現在生活的各個層面，時代的複雜性更凸顯兩難議題的多元，從更深的維度思考，兩難議題是關乎難以選擇，我們難以面對後果的不確定或道德性。從另外一個角度思考，選什麼有時候也沒什麼太大差別，重點是選擇之後的行動，如何經營你的選擇；也或者，選什麼「比較好」取決當下的背景脈絡與自身的目的，而非單純思考選項本身。然而，回顧我們學校教育的主旨，以認識與解決問題取向為主軸。從不知道到知道；從不會到會，進而精熟。例如：3＋2＝？到3×2＝？牛頓第一定律是？台灣第一位民選總統是誰？這些提問都有正確答案。你知道答案，就獲得某種程度的表徵。長久下來，我們被制約，傾向於只要問題一出現，它就需要被解決，甚至快速解決；問題需要有正確答案，非此即彼，否則我們會感到不自在，甚至表示能力不夠。老師不太喜歡聽到學生回答：「我不知道。」議會也經常採取「二選一」的方式質詢，議員回答時，若想跳出框架，還會被喝斥制止。我們如何多加訓練，也允許自己、孩子停留在「灰色區」，多加探索議題的深層意義與目的。

大概十年前，曾經有位即將畢業的同學問我，究竟要留在台灣讀研究所比較好還是到國外呢？我並沒有立即答覆她這個問題，反而先問她：「妳讀研究所的目的是什麼？」她回答我：「我沒想過這個問題，大家都在討論這件事，兩種說法都有支持者，所以我不知道選擇哪一個『比較好』！」意味著，「比較好」引領著她的選擇，但當同學、學長姐各說各話之下，就茫然迷失方向。現代的教育鼓勵孩子追求專長、發揮潛能，但是在單一的學習歷程與生命經驗中，除了少數在年少時即展露天份的孩子之外，誰會知道自己的天命何在呢？但父母絕對知道現在的主流在哪裡！有不少年輕人也問我，妳在年輕時候就知道自己要什麼嗎？我當然不知道，我怎麼會知道呢？工作的專業與熱情，很多時候是在職涯發展與經歷中，逐漸摸索與體會出來的。你願意投入時間摸索與探究自己的生命之書嗎？還是需要他人告訴你如何撰寫「準沒錯」或「比較好」，而你只要照單收，去執行！

本書作者們意圖透過文字引導讀者深入思考矛盾與兩難的情緒展演歷程、構造、常見的基本模式，最後利用三個章節詳細說明面對「情緒矛盾」的三個一般步驟（書中以三個層級表示），包括：①包容情緒矛盾與消除煩惱；②編輯情緒矛盾，找出問題的解決方案；③利用情緒矛盾，極限發揮創意。如何找出問題的解決方案藉以轉化矛盾或兩難議題所帶來困境，進而發現機會點，甚至是創意的前進方式？就讓讀者閱讀本書內文時揭曉。

本書作者們的另一特色，列舉的情緒矛盾範例，都相當生活化，例如：「想要和對方打好關係，卻又不想太接近對方。」相信大家都蠻有共鳴。帶著兼得思維的進一步對話內容，就會是「想要接近對方，同時保有自己的獨立時間／空間」，更深一層的思考就會是：「接近與獨立」對自己的意義是什麼？如何調節兩者，是很重要的部分。讓自己從習慣思考二選一、對或錯、好或不好的解決問題模式中，轉換為管理或調節兩難議題的模式，讓兼得思維成為解決難題的一種選項，它將提升我們管理兩難議題和議題共處的能力，在看似不可能中找到前進的縫隙，甚至是意外的創意。

推薦序

擁抱矛盾，不要讓矛盾擁抱你

文／楊千（陽明交通大學經營管理研究所榮譽退休教授）

若一個人像一塊深山裡的大石頭，不悲不喜存在一萬年，那真的活著一萬年也沒什麼意思。人並不是草木無情不喜不憂的。人是有思想，有感情，有情緒的。人生本來就會面臨很多矛盾的情境讓人困擾。左右為難，天人交戰也是正常的人生體驗。真是所謂：試上高峰窺皓月，偶開天眼覷紅塵，可憐身是眼中人。「事事如意」只是祝賀用詞，月有陰晴圓缺，人有悲歡離合，此事古難全。

此外，有些看似矛盾的機制其實都是為了人類生存而適時出現它的功能。比如人體的骨組織裡面有兩種看似矛盾對立的細胞：一種是蝕骨細胞，一種是造骨細胞。交感神經副交感神經也是看似矛盾對立但是交互合作。至於人類社會裡的矛盾是永遠存在的。所以，在組織行為的長期研究結論就是：矛盾無法消失，但矛盾可以化解。

日本人的寫作比較細緻細膩，所以這本書裡頭有很多標準作業流程（Standard Operation Procedure，SOP）跟程序。兩位有豐富經驗的作者，用了前四章鋪陳矛盾與衝突的不可避免性及其分類。其實，最後三章才是本書的重點。管理教育常用個案研究讓研究生體驗決策者的焦慮與矛盾，讓同學們演練如何由焦慮與矛盾中理出解決方案。本書的最後三章值得慢慢的讀並將它融入生活裡。

第五章的概念就是：事實勝於雄辯，**要盡快確認並接受事實**。詮釋現象或事實是一種能力。換句話說，面對任何表面的現象盡量不要有情緒，要不慌不喜。要擁抱矛盾，不要讓矛盾擁抱你。要確認事實是什麼，然後接受它。事與願違也必須接受。

第六章的概念就是：理性冷靜，**宏觀超然編輯已知資訊**，整理出解決方案。與其有各式各樣的煩惱，不如有各式各樣的規劃。在規劃的過程中就會整理出一些邏輯。只要有中心思想就比較能走出矛盾。要解決矛盾的問題，就要包容矛盾，降低情緒影響，理解事實，想出辦法。有些冷酷自閉或亞斯伯格傾向的人比較容易超然。面對矛盾焦慮的問題時，要跟亞斯伯格傾向的人學習。平日就要練習理性，學習將自己由問題中抽離出來，在冷靜超然的情境中，整理編輯出解決方案。

第七章的概念就是：**利用情緒矛盾，將創意提升至極限**。其中有三個例子：①利用矛盾產生創意；②利用矛盾思考跳出習慣領域在職涯上有所改變；③利用矛盾思考動搖組織跳出習慣領域能。這一點有點呼應黑格爾的正反合概念。慢慢養成急智與跳脫框架思考（think out of the box）的能力。若你這樣做，你會變成一個聰明的人。

前言

我們每天都有擺脫不了的煩惱，例如：

- 得一邊管理部屬，一邊達成個人業績目標
- 得一邊達成每月業績目標，一邊開發新客戶
- 得一邊改革組織，一邊維持團隊的動力
- 得一邊遠端工作，一邊強化團隊的向心力
- 管理公司必須挑戰前所未有的新事業，又不許失敗
- 想避免被網民撻伐，又想增加社群媒體的追蹤者，強化個人的話語權
- 縱使工作很忙，還是想要騰出時間念書與學習，增加自己的內涵，也想多留一點時間與家人相處

若將視線望向整個社會，會發現如今已是「VUCA的時代」[1]，我們完全無法預測之後會發生什麼事情，也不知道該往哪個方向前進，每條路似乎都走不通。社群媒體也充滿了非黑即白的言論，每天不斷地出現「網路霸凌」的事件，有時真的讓人想要逃離社群媒體。

為什麼這一切會變得如此複雜呢？答案就是這一切的背後出現了所謂的**矛盾**（paradox）。

所謂的矛盾是指，乍看之下，前提似乎是正確的，最終卻陷入悖論的問題。

比方說，「提高工作效率」或是「提升工作創意」應該是能有效提升團體成績的方法才對。

可是，當我們要同時提高工作效率與工作創意的時候，就會突然遇到一堵高牆擋住去路。

為了想提升工作效率而過度仰賴規則或手冊，團隊成員就會失去個人特色，無法展現任何創意。一旦將重點放在發揮創意，就有可能得先不顧效率，進行一些特別的實驗。

一旦想要兼顧兩者，我們就會遇到難以破關的難題，陷入動輒得咎的困境。

身處這個到處都是二擇一的社會

當我們陷入矛盾的狀況，就會感受到無比的壓力。不管是否察覺到肩上這股沉重的壓力，只要想減輕這股壓力，就很容易盲目地簡化問題，反過來問自己「到底要重視效率還是創意？」以及告訴自己「其中一邊一定有正確答案，所以非得選擇一邊不可」。

是的，我們總是想要得到「正確答案」：

● 管理到底該由上而下？還是從下往上？

1 Volatility（易變）、Uncertainty（不確定）、Complexity（複雜）、Ambiguity（模糊）的首字縮寫。指的是凡事難以預料，未來渾沌不明的情況。

●雇用時，到底該採用填補職缺的方式？還是因人設事的方式？

●到底該成為上班工作的正職員工？還是工作但不上班的自由工作者？

這類二選一的問題往往與社會構造有著千絲萬縷的關係，也通常無法憑一己之力解決。久而久之，就會覺得這個問題就像是永遠無法破關的遊戲，也不知道該從何處著手解決。其實這些都不是各自獨立的問題，而是環環相扣的問題。

●以「由上而下」(top down）的方式大刀闊斧地改造組織，卻沒意識到第一線的問題，導致愈來愈多員工離職

●想以填補職缺的方式吸引專業人才，卻一直找不到理想的人才，因而陷入慢性人力不足的情況

●儘管狠下心離職，成為自由工作者，卻失去公司的光環，無法如願找到顧客

就算如上述這般，狠下心選擇其中一邊，有時候還是無法締造想要的成果，也愈

來愈覺得自己深陷難以破關的遊戲之中。

藏在邏輯與整合背後的「情緒」

● 到底該由上而下還是由下而上管理呢？
● 雇用時到底該採用填補職缺還是因人設事的方式呢？
● 到底該成為正職員工還是成為自由工作者呢？

這類問題除了有以絕對正確為前提的「邏輯矛盾」（詳情請參考第一章後續的內容），還有另一種矛盾存在，也就是從兩種互相對立的情緒而來的**情緒矛盾**，而這種矛盾則藏在我們的內心之中。

● 想透過由上而下的方式貫徹自己的意志，但是又想根據第一線員工的意見，提高策略的精確度。

● 希望透過填補職缺型雇用的方式發揮自己的專才，但不知道自己適合什麼，所以又希望透過因人設事型雇用的方式，讓別人幫忙挖掘自己的潛力。
● 很想成為自由工作者，卻捨不得在公司上班的穩定生活。

當我們將視線轉向情緒矛盾，那些充滿人性與矛盾的「左右為難」便會浮上檯面。要解決複雜的問題，首先要先化解自己的「情緒矛盾」。筆者決定將注意力放在這種「情緒矛盾」，從中尋找前所未有的問題解決方案。

備受外國關注的「矛盾」

筆者之一的舘野泰一除了是立教大學經營系的副教授，同時也是株式會社MIMIGURI的研究員，負責研究企業人才培育與大學教育這類主題。

他每天都在研究室研究培育領導者風範這項主題，同時以真誠領導或分享式領導為背景，研究「讓所有成員展現自我特色的領導方式」。

當他在從事上述的研究時，發現了「矛盾」這項重點。比方說，對領導者而言，「自我特色」與「一致」非常重要，但是太過重視這兩點，反而會變得綁手綁腳，無法發揮領導者特質，或是無法釐清責任與締造應有的結果，換言之，不化解這種矛盾，就無法發揮領導者特質。

當筆者注意到這類現象之後，發現近年來有許多外國研究機構都很關心「悖論」或是「悖論領導」這類主題。

比方說，《哈佛商業評論》雜誌（二〇一六）就以〈兩全其美領導力〉為題，指出領導者不該以「A或B（二擇一）」的方式做出決策，而是該以「A和B（兼顧）」的心態採取行動[2]。

此外，北京大學的研究團隊（二〇一九）也提出「矛盾領導行為」（Paradoxical

---

2 Smith, W. K., Lewis, M. W., & Tushman, M. L. (2016) "Both/And" Leadership. Harvard Business Review, 94(5), 62–70

Leadership Behavior，PLB）這項概念與衡量單位，長期研究兼顧（A和B）的方法。

當我參考這些論文之後，我認為有必要針對「矛盾」提出新的見解。

另一位筆者安齋勇樹除了是株式會社MIMIGURI的共同執行長，也是東京大學大學院資訊學環（研究機構）的特聘助教，長期研究企業經營這項主題，也研究讓人力與組織無限發揮創意的方法。

安齋勇樹在其《提問的設計》（繁體中文版由經濟新潮社出版）著作中提到，將「提問」這項解決問題的必經環節打造成一套系統的方法，也於《高效團隊都在用的奇蹟式提問》（繁體中文版由天下雜誌出版）這本著作之中，鉅細靡遺地介紹了各種讓團隊發揮最大潛力的「提問方法」，而這兩本書都登上了暢銷排行榜，也影響了許多商業人士。

此外，安齋勇樹也是與舘野泰一共同關注、探討「矛盾」此一主題的其中一人。

他除了不斷地透過實驗研究「矛盾的提問」在分工合作之中的效果，也於

MIMIGURI的經營實踐了以「矛盾」為核心概念的組織管理方式，也於這十幾年來，不斷地探討作為人類與組織創意來源的「矛盾」的魅力與箇中奧祕。

這些一邊彼此啟發，一邊進行研究的筆者到底該在第一本共同著作討論什麼主題呢？在幾經討論之後，決定將之前常常提及的「矛盾」當成主題，試著根據先行研究以及各位筆者自己的考察與研究成果，提出新的方法論，試著與「矛盾」相處以及應付「矛盾」。

而這本書的書名就是**矛盾思考**。

透過「矛盾思考」馴服矛盾

本書介紹的「矛盾思考」，是將注意力放在藏在問題背後的「情緒矛盾」，試著以系統化的方法解決矛盾與複雜的問題。

第一章會先試著說明現代社會特有的「棘手問題」以及這類問題造成的「矛盾」，

以及試著爬梳這類矛盾的外部原因與內部原因，同時說明什麼是矛盾思考。

第二章則會解構矛盾源頭的「內心」，試著從神經科學與行動心理學的角度思考「為什麼我們會被矛盾耍得團團轉」這個問題。

第三章則會說明我們的社會、組織與世界的構造，試著解釋矛盾產生的原因，點出活著在這個騎虎難下，又無法破關的社會之中的我們，目前究竟身處何地。

第四章則整理了五種基本的情緒矛盾模式。

矛盾的基本模式

模式一【坦率⇅愛唱反調】

模式二【變化⇅安定】

模式三【顧全大局⇅短視近利】

模式四【想要更多⇅差不多就好】

模式五【自我本位⇅他人本位】

本書會介紹在這些模式底下，情緒矛盾的起因，也會實際介紹經典的場面。

在第一至四章的理論編結束後，從第五章開始正式進入「矛盾思考」的實踐篇。第五至七章會將矛盾思考整理成三個層級，以及說明實踐這三個層級的方法。

矛盾思考的三個層級

層級① 包容情緒矛盾與消除煩惱

層級② 編輯情緒矛盾，找出問題的解決方案

層級③ 利用情緒矛盾，極限發揮創意

這三個層級會說明與情緒矛盾的相處之道、解決方案與應用情緒矛盾的方法。雖然一級比一級進階，但是當大家學會層級③的方法，一定會覺得「沒想到還有這種方法啊！」也能自由地徜徉在矛盾之中。

第五章主要是說明「層級① 包容情緒矛盾與消除煩惱」的方法。這章會介紹一些實踐技巧，讓大家學會與自身的煩惱相處，揪出情緒矛盾，接納矛盾的情緒，讓內

心變得更輕鬆的方法。

第六章說明的是「層級② 編輯情緒矛盾，找出問題的解決方案」。這章將透過「切換策略」、「因果策略」和「包含策略」解開情緒矛盾，讓彼此矛盾的兩項事物得以並存。換句話說，就是介紹讓兼顧／兩全其美（A和B）的目標得以實現，創造綜效的方法，以及介紹效果高於「A和B」的「C」的解決方案。

至於第七章的部分，則是要帶著大家挑戰「層級③ 利用情緒矛盾，極限發揮創意」。矛盾思考不只能解決充斥於這個世界的問題，主動產生矛盾可幫助我們想到更多具有創意的策略，創造前所未有的價值。這一章會針對商品開發、事業開發、組織開發、職涯設計這類上班族每天都必須面對的問題，介紹富有創意的解決方案。

人類雖然麻煩，卻非常可愛

要化解矛盾，就必須先知道「人類雖然麻煩，卻非常可愛」這個前提。

所謂的「麻煩」是指情緒常常產生矛盾的模樣。

其實所謂的矛盾不僅會在組織之中出現，個人更是容易產生矛盾。比方說，一邊羨慕身邊的朋友因為新冠疫情而搬到外縣市居住，或是改成遠端工作模式，一邊又覺得：

「外縣市雖然有很多接觸大自然的機會，但是實在不想放棄都會生活的便利。」

「一個人工作很自由，卻也很寂寞。」

然後動不動就吐槽自己「到底是想怎樣啦！」會產生這類矛盾的情緒是非常自然的事，而且這才是人性。

我們之所以會陷入「複雜的問題」，是因為我們擅自將千絲萬縷的問題簡化成「A or B的問題」，還將某一邊看成壞人，或是將某一邊視為「不該存在的事物」。愈是否定某一邊，問題就會變得愈糾結。

人類與組織無法消除所有的矛盾，所以否定矛盾的情緒也無法解決問題。

換句話說，包容這些矛盾的情緒，將人類視為「可愛的存在」，將是突破僵局的關鍵。其實光是接納這些矛盾與曖昧，就能大幅減少壓力。

矛盾思考的第一步就是認可「情緒矛盾」的存在。

不要再板著臉欺騙自己「我哪有什麼矛盾，我一直以來都是這樣」。大家不妨告訴自己「明明想住在鄉下，又想追求方便，我還真是貪心啊」，然後一笑置之吧。大家覺得如何呢？當你能認同這樣的自己，就會覺得自己變得稍微可愛，也能讓自己鬆口氣。

本書當然不會只要大家接受矛盾的情緒，還會從不同的角度介紹化解矛盾的方法，以及化矛盾為利器的方法。

如果本書能幫助大家學會「矛盾思考」，懂得與這個複雜的世界斡旋，那將是作者的榮幸。

目次

第一篇 理論篇

第一章 矛盾思考是什麼？

第二章　催生情緒矛盾的「內心」構造

第三章　創造矛盾的「世界」的構造

第二篇
實踐篇

第五章　包容矛盾，減少煩惱

第六章　編輯情緒矛盾，找出問題的解決方案

第七章 利用情緒矛盾將創意提升至極限

第一篇

理論篇

第一章

矛盾思考是什麼？

1.1 現代社會的「棘手」問題

1.2 什麼情緒矛盾

1.3 矛盾思考的三個層級

1.1 現代社會的「棘手」問題

宛如漩渦般，捲入整個現代社會的「複雜問題」有哪些特徵？

現代社會充斥著無法立刻得出答案的「複雜問題」。

比方說，「環保問題」、「勞資問題」和「與病毒共存的問題」，都屬於其中之一，而且有些是想推到別人頭上，不想自己解決的問題，有些則像是「什麼樣的生活能帶來幸福」這種光是想像就令人雀躍，卻沒辦法立刻想出答案的問題。

這類複雜的問題在學術界統稱為**棘手問題**（Wicked Problems）[3]。

這類「棘手問題」的特徵在於各種變數猶如千絲萬縷彼此糾纏，所以難以定義解決問題之後的「最終狀態」，也不知道該從何處切入問題，所以就算解決了問題，也只能了解問題的性質而已，而這點正是這類問題的「棘手」之處。

當新冠病毒在我們的社會蔓延開來之後，我們找到的不是滅絕新冠病毒的方法，而是試著與它共存。比方說，有些上班族的工作改成遠端模式，因此有不少原本在市中心上班的人決定移居其他縣市。

不過，我們還是不知道接下來的社會樣貌會如何改變，沒有人能夠預測相同的狀況將持續多久，也無從得知工作方式還會有哪些轉變。在這種自身價值觀不斷產生動搖，無法定義「幸福為何物」的狀態下，自行定義「幸福的生活」的確是件難事。

正因為這是「不試著做做看，就不會有結果」的問題，所以我們才要不斷地嘗試各種「生活方式」，當其中的某種生活方式讓我們覺得「這樣很幸福」，就代表這個問題解決了。

可惜的是，這種「茅塞頓開」的感覺不會一直持續下去，我們有可能會厭倦這種

3 Buchanan, R. (1992) Wicked problems in design thinking. Design issues, 8(2), 5–21

生活，社會的樣貌也有可能大幅轉變。

姑且不論後續的變動，我們只能先找出「令人暫時覺得幸福的生活方式」，然後一邊實踐這種生活方式，一邊從過程之中，找出更正確的答案。這就是「棘手問題」的特徵。

ＶＵＣＡ的本質到底是什麼？

為了繼續探討「棘手問題」的性質，在此要說明「ＶＵＣＡ」這個詞彙。如今「ＶＵＣＡ」這個詞彙已頻繁地出現在各類型的商業理財書籍。

由於出現的頻率實在太高，所以說不定會讓人有種一看到「ＶＵＣＡ」這個字眼，就想略過不讀的衝動，但是當我們重新解讀這個詞彙的意義，就能了解「棘手問題」的特質，也會明白為什麼我們最終會需要矛盾思考。

ＶＵＣＡ是由Volatility（易變）、Uncertainty（不確定）、Complexity（複雜）、Ambiguity（模糊）的首字所組成的詞彙，原本是軍事用語，但近年來，常被當成說

圖表1　「VUCA」這個詞彙的本質

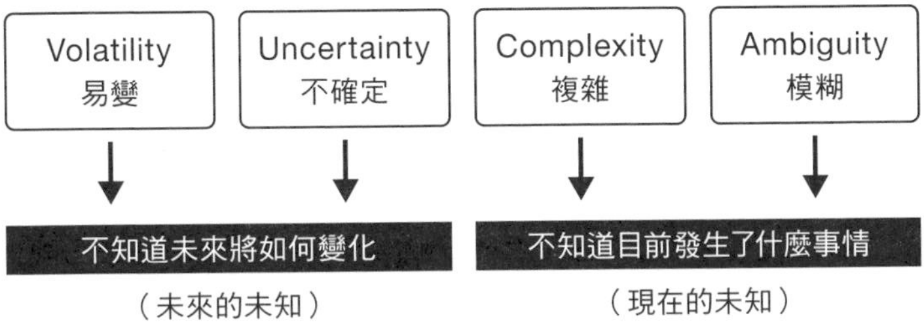

明商業外部環境的詞彙廣泛使用。

若要以一句話說明VUCA的本質，那就是「未知」。將上述四個變數分類成「V&U」與「C&A」兩類，便可清楚勾勒出於現代社會蔓延的「未知」。

V&U→不知道未來將如何變化

Volatility（易變）與「Uncertainty（不確定）屬於外部環境急遽變化，不知去路為何的狀態，也就是「不知道未來將如何變化」的狀況，簡言之，這部分屬於「未來的未知」。

C&A→不知道目前發生了什麼事情

Complexity（複雜）與Ambiguity（模糊）則是眼前的事態過於複雜，直教人不斷反問自己「現在到底發生了什

圖表2 對現在與未來的「未知」，以及企圖解決問題所造成的煩惱

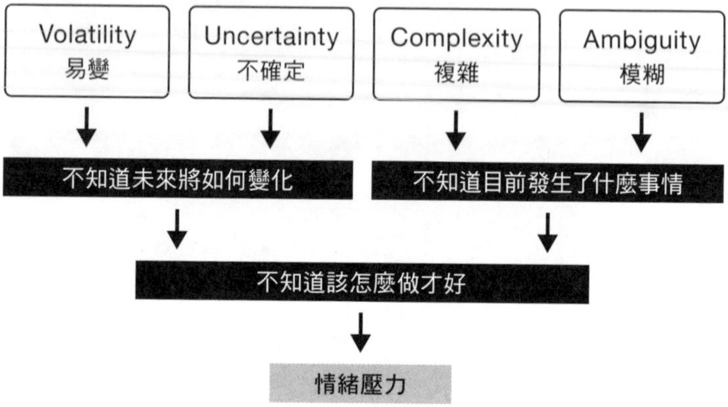

麼事情？」或是「為什麼會發生這些事情」這類問題的狀況，這屬於「不知道目前發生了什麼事情」的狀況，而這部分屬於「現在的未知」。

不知道未來將如何變化，也不知道目前發生了什麼事情。一旦陷入這種視野蒙上一層馬賽克的狀態，就會想試著解決問題，但這麼一來，就會產生「不知道該怎麼做才好」的煩惱。

如果這種莫名的無助與焦慮一直揮之不去，便無從得知問題所在，甚至連問題的輪廓都無法掌握。當我們被迫面對這種「難以破關的遊戲」，壓力便會不斷地累積。

圖表3　外部壓力會催生「情緒方面的未知」

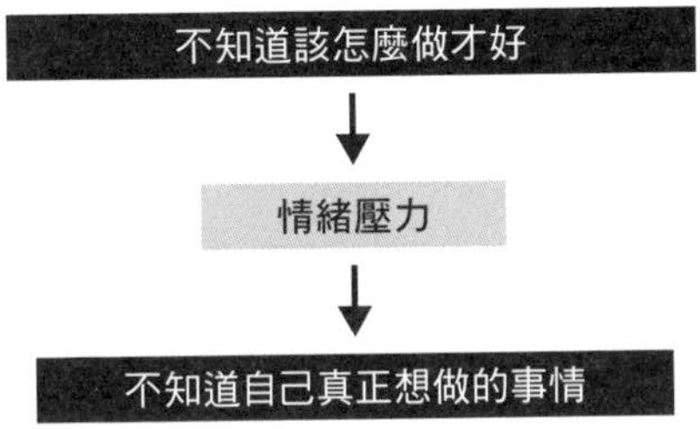

外部壓力會催生「情緒的未知」

當我們處在充滿「未知」與壓力的狀況底下，便會「不知道自己到底想要做什麼」，也會因為「情緒方面的未知」而煩惱。

不知道努力是否能有收穫，也不知道該努力什麼。當我們長期處在這種狀態，意志就會愈來愈消沉，也會開始覺得「反正再怎麼努力也沒用」，進而忘記內在的需求。

當我們一直處在難以預測未來，凡事都不太穩定，再怎麼努力也不知道能否創造成果的外部環境時，我們便會拚命適應外部環境，進而不知道「自己真正想做的事情」，背棄這種非常重要的心情。

圖表4　在凡事不確定的環境之中造成一連串「未知」的構造

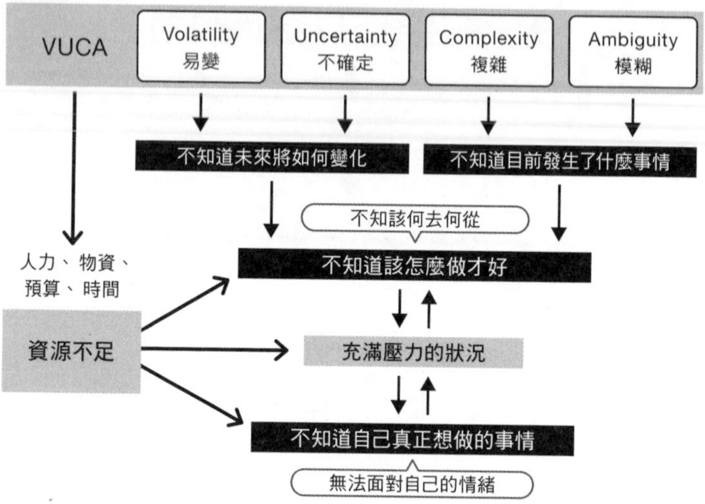

此外VUCA也會慢慢地消耗我們的「資源（人力、物質、預算或是時間）。

長此以往，我們將變得無力思考，一步步陷入「未知」的深淵。這就是VUCA讓「棘手問題」變得更加「棘手」的循環。

當我們處在這種不知何去何從，也無法面對情緒的狀態，就會看到各種「矛盾」。

能幫助我們找出「矛盾」與面對「棘手問題」的思考術，正是本書介紹的「矛盾思考」。

從下一節開始，將帶著大家了解在「矛盾思考」之中，被視為關鍵字的「情緒矛盾」的特質。

1.2 何謂情緒矛盾

何謂矛盾？

本書關鍵字「矛盾」到底是什麼意思呢？讓我們先釐清定義與範圍吧。

若是從字典查詢 paradox（矛盾）這個單字，會找到「矛盾的狀態」、「不合常理的情況」和「悖論」這類說明，大家應該都聽過這類說明，但很少在日常生活聽到才對。

如果進一步查詢，會得到「乍看之下似乎是正確的，但根據前提繼續思考，便會得出錯誤結論的問題」，而這種問題就被稱為矛盾。

矛盾是於追求思考的「正確」的邏輯學或數學這類領域登場的詞彙。

比方說，「自我指涉悖論」（self-reference paradox）這道題目就非常知名。這道題目源自西元前六百年之際，古希臘克里特島哲學家埃庇米尼得斯「克里特島人總是在說謊」這句名言，也常被當成說明矛盾的具體範例。

倘若「克里特島人總是在說謊」的假設為真，那麼留下這句名言的埃庇米尼得斯提本身就是克里特島人，所以他也在說謊，所以作為前提的假設是錯誤的。

如果「克里特島人總是在說謊」的假設有錯，會得出什麼結論？答案就是應該是老實人的埃庇米尼得斯提所說的「克里特島人總是在說謊」的前提會成真，與前面的假設也產生了矛盾。

這道問題之所以會變得如此複雜，在於身為克里特島人的埃庇米尼得斯提提到了克里特島人，所以這種情況就稱為「自我指涉悖論」。

這道問題的背後存在著「克里特島人總是在說謊」與「埃庇米尼得斯提主張這種說法是正確的」這兩種「互相矛盾的主張」，所以無法得出符合邏輯的答案。這種將單方面的主張視為正確，結果發現原本的主張有誤的狀態，在邏輯學就稱為矛盾。

邏輯矛盾與情緒矛盾

不過本書介紹的「矛盾思考」不打算根據上述追求「唯一正解」的邏輯學或是數學解決問題。

話說回來，生活在現代社會的我們，思考與溝通的過程往往更加渾沌不明，不一定能完全符合邏輯。

比方說，向來備受信賴的職場上司突然跟你說「我的假設都是錯的，你不要信以為真」的話，你會怎麼反應？

你應該不會端出克里特島人的小故事，跟那位上司說「如果真的是這樣，你的那個假設本身就是錯誤的吧？」直接推翻上司的說法吧。

我們與生俱來擁有「想像力」這項武器，也是隨著「情緒」一路活到現在，所以我們與別人溝通的時候，基本上都是從對方的言論汲取對方真正傳遞的訊息，而且容許邏輯上的曖昧。

就算是遇到前述的上司，也不會直接從邏輯的角度推翻對方的說法，而是會從情緒矛盾的角度，將上司的發言解讀成「上司希望我信賴他，卻不希望我照單全收他的意見」。

一如前一節所述，現實社會之中的「棘手問題」通常源自外部環境的「未知」，也就是情緒矛盾，而不是因為不符合邏輯。

本書介紹的矛盾思考不是將重點放在力求嚴謹的「邏輯矛盾」，而是**將注意力放在四處充滿曖昧的人類社會所特有的「情緒矛盾」，這也是矛盾思考的特徵之一**。

所謂的邏輯矛盾是指背後暗藏著兩相矛盾的主張A與主張B的問題，也就是前述的「克里特島人總是在說謊（主張A）」與「埃庇米尼得斯提主張這種說法是正確的（主張B）」的這類問題。換言之，就是將其中一種主張視為「正確」，另一邊的主張就會不合邏輯的問題。

然而情緒矛盾則是背後暗藏著互相矛盾的情緒A與情緒B的問題。一旦以天秤某一邊的情緒為優先，另一邊的情緒就會被忽視，無法得出足以說服自己的結論。

圖表5 邏輯矛盾與情緒矛盾的不同

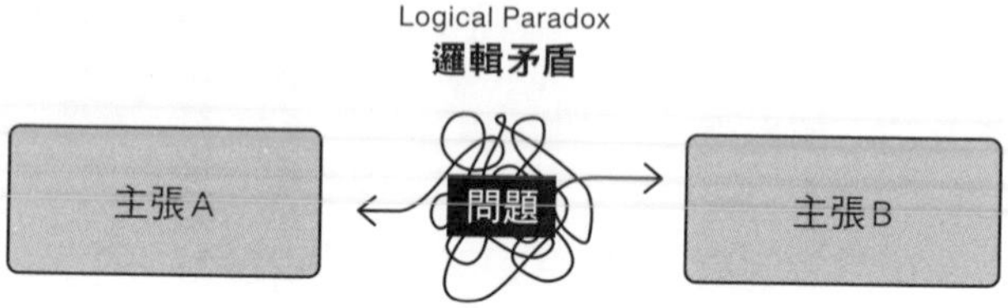

問題的背後有互相矛盾的**主張A**與**主張B**存在
假設一邊是正確的，另一邊就會**不符合邏輯**的狀態

問題的背後有互相矛盾的**情緒A**與**情緒B**存在
以某邊的情緒優先，就無法得出**足以說服自己**的結論

邏輯矛盾：問題的背後有互相矛盾的主張A與主張B存在

假設一邊是正確的，另一邊就會不符合邏輯的狀態

情緒矛盾：問題的背後有互相矛盾的情緒A與情緒B存在

以某邊的情緒優先，就無法得出足以說服自己的結論。

從「想要自由工作」這種情緒衍生的矛盾

接下來，讓我們以在廣告公司服務的三十幾歲的女性為例。

這位女性雖然覺得現在這份工作很有成就感，自己也有所成長，卻沒辦法選擇客戶，總是被迫接受不喜歡的工作，而且費盡心思想出的企畫，常常只在上司的一念之間就被駁回而束之高閣，所以漸漸地萌生了「不想被公司束縛，想自由地工作」這種情緒。

要想打造職涯以及實現自我，就必須重視這種情緒，這也是非常重要的需求。於是她聽從心裡的聲音，毅然決然地辭職，打算獨立創業。

她很快地公開了自己的網站，也開始拜訪從以前就很想接觸的業界，拜訪一間又一間的企業。雖然一開始沒有任何一間企業把她當一回事，但是她憑藉對價格的敏銳，設定合理的價格之後，慢慢地接到了訂單。

不過，她回過神來才發現，低價策略雖然讓她接到了更多的案子，但她也必須同時執行這些案子，愈來愈沒有屬於自己的時間。

此外，她也得一手包辦過去不需要負責的行政業務以及會計，更糟的是，她不僅要趕著出貨，還得為了開發新客戶不斷地跑業務。

本以為自己獲得了渴望的自由，但到底是哪裡出了錯，才讓自己因為那些「必須完成的工作」而忙得團團轉呢？還是說待在原本的職場，只做自己最擅長的「企畫工作」最幸福呢？這就是所謂的矛盾。

其實這一切是因為這位女性在思考「最適合自己的工作方式」這個沒辦法立刻得出答案的「棘手問題」時，只將注意力放在「不想被束縛，想自由工作」這種情緒所導致。

此時的重點是必須將注意力分散到另一種造成矛盾的「情緒」。

自己在現在的職場得到哪些照顧？哪個部分讓自己覺得開心？犧牲了自由之後，換到了什麼好處？

當她像這樣自問自答，才發現上司幫她擋掉了多餘的案件，公司也幫她處理了許多企畫之外的雜務，這也是她最想要的狀態。

換句話說，在「不想被束縛，想要自由地工作」的情緒背後藏著「想適度地被管理」這種矛盾的情緒。

情緒Ａ：不想被束縛，想要自由工作
情緒Ｂ：想適度地被管理

若只是釐清這些情緒，是無法化解這種顯而易見的矛盾的。不過，一旦知道問題的背後藏著這些「矛盾的情緒」，就會知道「獨立創業」不是足以說服自己的解決之道。此時該做的不是將某邊的情緒視為「正確答案」，而是要先發現與接受這種「情緒矛盾」。光是做到這點，就不會那麼焦慮與煩惱，也就有可能找到想都沒想過的出路。

找出彼此對立的兩種情緒，是面對「棘手問題」的第一步。

寬容會助長刻薄？事先包容矛盾的重要

矛盾思考的重點在於與「棘手問題」對峙之際，「事先」找出彼此矛盾的兩種情緒。

或許大家會覺得「既然這些棘手問題沒辦法立刻解決，所以應該能在試著解決的過程中，發現埋在內心深處的情緒」，但是事情往往不會那麼順利。

因為當我們將特定的情緒視為「正確答案」，滿腦子只想著滿足這種情緒，就會產生某種扭曲的正義，扼殺矛盾關係之中的另一種情緒。

比方說，你很討厭社群媒體的流言蜚語以及仇恨言論，希望「社會能變得更寬容一些」。

這種「希望打造更寬容的社會」的情緒，在這個刻薄的社會的確是該被重視的心願。

不過，雖然有很多人都期待「社會變得更加寬容」，但是從這個願景遲遲未實現這點便可明白，這絕對是個「棘手問題」，換言之，這個問題的背後也藏著某些來自人類的矛盾情緒。

如果忽略這些矛盾情緒，一味地將「想打造寬容的社會」這種情緒視為「正確解答」，以及採取了某些具體的行動，一定會遇到許多阻礙。

一開始或許還能順從這種情緒，以及傾聽反對的意見。若是為了打造寬容的社會，就算遇到價值觀與自己完全相反的人，也能夠接受對方的立場。

但是久而久之，你一定會遇到與自己的正義背道而馳，讓你完全無法忍耐的人，也就是覺得「寬容的社會一點都不重要」、「想法不同的人都該被排除」的人，也就是「刻薄的人」。

於是你便會被迫面對「遇到這種刻薄的人，也要寬以待之嗎？」這個矛盾。

寬容的情緒矛盾

——情緒Ａ：想打造寬容的社會

——情緒Ｂ：不想寬容那些刻薄的人

這是英國哲學家卡爾・波普爾（Sir Karl Raimund Popper）於一九四五年提出的「寬容的悖論」。這種悖論指出若真的想打造「寬容的社會」，就必須接受「對刻薄的人刻薄」這種矛盾。

矛盾與困境的些微差異

「困境」是與矛盾意思相近的詞彙。

所謂的困境（dilemma）指的是有「兩種選項」同時存在，而且這兩種選項都各有利弊，無法輕鬆做出選擇的情況，也就是「左右為難」的狀況。

比方說，同時遇到「報酬很高，但是很無聊的工作」以及「很有趣，但是報酬不高的工作」，但是時間有限，「不知道該選擇哪邊」的狀況。

困境的特徵在於自己的「外側」有「A或B」的選項存在，但沒有最合理的選擇，選擇哪一邊都一定會蒙受損失這點。不過，若是刻意忽略某邊的損失，選擇妥協的話，就能以一種「不管了啦」的態度，快速做出結論，這也是困境的特徵之一。

圖表6　困境與情緒矛盾的差異

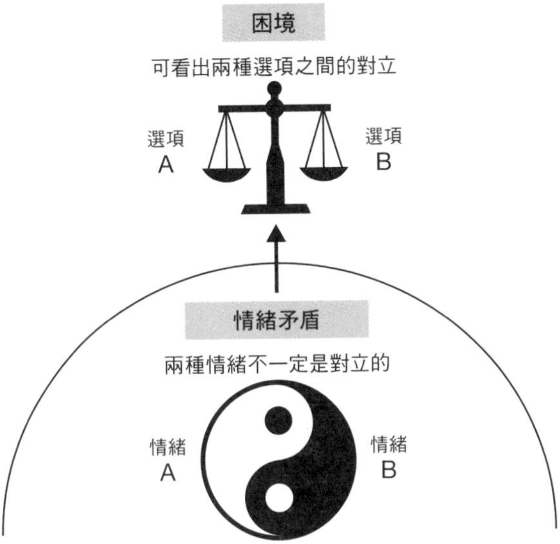

若以前面廣告公司的女性為例，她陷入了「該繼續在這間公司上班」還是「該獨立創業」的困境。由於無法同時選擇這兩個選項，所以在幾經糾結之後，不得不選擇其中一個選項。

反觀「情緒矛盾」則是將焦點放在藏在情緒之中的「矛盾」，這些矛盾會讓問題變得更加複雜以及讓人無法採取行動。如果將互相矛盾的情緒分開來看，會發現這兩種情緒「都再自然不過」，但是當這兩種情緒同時在一個人的內心存在就會產生矛盾，而這種讓人覺得矛盾的情緒就稱為「情緒矛盾」。

若以前述的女性為例，她在規畫自己的職涯時，當然會希望自己「能夠無拘無束地工作」，但是她也希望「能有人幫忙管理工作量」，這兩種情緒的確是存在的。

這類彼此矛盾的情緒莫名地在內心結合這點是人類既奇妙又有趣的特質。

這兩種情緒不一定會以「A或B」（二選一）的形式「對立」，若說得更精準一點，就是乍看之下兩者並不「矛盾」，所以將注意力放在這兩種情緒的「矛盾思考」才如此值得重視。

雖然困境與矛盾難以明確區分，但是希望大家明白的是，前者比較像是外在的「問題」，而後者則是那些藏在內心之中造成問題的「因素」。

人類一遇到矛盾，就會立刻當成「沒這回事」

矛盾一詞源自「什麼盾都能貫穿的矛」與「什麼矛都無法貫穿的盾」不可能同時存在的故事，而矛盾就是事物兜不攏的狀態。

因此，無法輕易解決的問題就是所謂的矛盾，但人類常常會硬是「扭曲」自己的想法或是看待現實的方法，將矛盾視為「不曾發生過的事情」。

美國心理學家利昂費斯汀格（Leon Festinger）這種心理特質稱為「認知失調」。

比方說，在新冠疫情爆發之後，你為了調整生活方式，決定移居到首都之外的縣市。就在你決定採取行動之際，突然看到某則與某個調查結果有關的新聞。

「遠端工作的工作效率不彰。首都市中心的辦公大樓價格再度飆漲」

這時候你會怎麼想？有可能會覺得「反正這份調查也沒那麼嚴謹吧」或是「那是大企業的事，跟我又沒關係」，然後將這份調查結果當成「沒發生過的事」，藉此合理化自己的行為。

認知失調是一種拒絕矛盾造成的不適，企圖進行防禦或是逃避的心態，是一種猶如反射動作般的知覺。

在矛盾思考之中，忍住這種想立即排除矛盾的衝動，要求自己接受這些矛盾的態度非常重要。

人類雖然能察覺那股潛伏在內心的矛盾情緒，卻總是習慣視而不見，只將那些看似冠冕堂皇的情緒視為「正義」。

希望大家鼓起勇氣，從一開始就接納「想要 A，但其實也想要 B」這種「貪婪的欲望」，之後再有智慧地思考滿足欲望的解決方案，這也是矛盾思考的基本心法。

人類是既麻煩又可愛、充滿矛盾的生物

在現代社會之中，往往會將意見或是想法的矛盾視為「惡」，比方說，當政治家或是藝人因為某些情況而被迫放棄原先主張的 A，改為主張 B 之後，立刻會引來一堆鄉民圍剿，以及在社群媒體被撻伐。

這些鄉民認為，只有言行一致，表裡如一的人類才是正義，才值得信賴，但事實果真如此嗎？

這裡當然不是在鼓勵大家盡量說謊，或是做個人前握手，人後捅刀的人。

不過，人類不就是這種即使沒有惡意，卻還是會做一些不合邏輯的事情，又渾身充滿矛盾的生物嗎？我們的生活之中，充斥著這類「情緒矛盾」：

● 想在夏天展現身材，所以希望瘦下來。但是愈是節食，就愈想吃東西
● 想跟某個人打好關係，卻懶得跟對方一起去喝酒
● 希望自己的努力與才能被認同與讚美，卻又不想太過招搖

這種情緒上的矛盾絕對不是壞事，正因為我們會有這些想法上的矛盾，所以才能正視人類的本質，想出可行的解決方案。

我們認為將人類這些情緒上的矛盾視為**麻煩又可愛的特徵**，正是解決問題的重要策略。

矛盾思考不僅能幫助我們解決日常生活之中那些不起眼的煩惱，還能幫助我們解決職場與組織的問題，或是複雜的社會問題，可說是解決問題的利器。

美國管理學者瑪麗安・路易斯（Marianne W. Lewis）教授曾指出，要解決現代組織的課題，就必須具備接受矛盾的心態。

就一般論來說，組織的負責人為了解決問題，通常會把「一以貫之」視為美德，但路易斯教授卻認為，這種貫徹到底的態度是一種惡習，負責人必須懂得接受多種對

立的真實，並在這個過程中履行職務[4]。

矛盾思考不僅能於日常生活應用，還是解決現代組織的問題，讓團隊負責人發揮領導者風範所不可或缺的思維。

從下一節開始，就帶著大家了解著眼於情緒矛盾，才得以解讀「矛盾思考」的全貌。

1.3 矛盾思考的三個層級

該如何面對「情緒矛盾」

矛盾思考共分成三個層級：

4 4Smith, W. K., Lewis, M. W., & Tushman, M. L. (2016)“ Both/And” Leadership. Harvard Business Review, 94(5), 62–70

矛盾思考的三個層級

層級①　包容情緒矛盾與消除煩惱
層級②　編輯情緒矛盾，找出問題的解決方案
層級③　利用情緒矛盾，極限發揮創意

接著將透過「在廣告公司擔任企畫一職的三十歲出頭的女性」說明這三個層級的概要。

層級①的矛盾思考為**包容情緒矛盾與消除煩惱**。層級①是從接受矛盾的情緒開始，如此一來就能釐清自己的煩惱，心情也會變得輕鬆。

示例之中的女性為了「無拘無束地工作」而獨立創業，沒想到卻因為一堆「不得不處理的工作」而忙得團團轉。之所以會如此，全在於她在遇到「想找到最佳的工作方式」這個「棘手問題」時，只以單一的情緒為優先。

層級①的矛盾思考希望大家先找出那些矛盾的欲望，並且接受這些矛盾。若以這個示例來看，就是察覺「想被適度地管理」這種情緒，並且接納這種情緒。

情緒Ａ：不想被束縛，想要自由地工作
情緒Ｂ：想適度地被管理

一開始可能很難接受這些矛盾的情緒，有些人甚至會在知道「明明想要自由，卻希望被管理，自己還真是任性啊」這點之後而對自己失望。

不過，人類就是「既麻煩又可愛的存在」，所以不妨將這種想要自由，又想被管理的奢望視為「可愛的特質」吧，只要能做到這點，心情應該就會沉靜下來。

由此可知，層級①的矛盾思考是釐清與接受矛盾的情緒，讓煩惱跟著減少的思維模式。或許有些人會覺得，光是接受這些矛盾的情緒，無助於解決問題，但其實這是解決問題的第一步，也是至關重要的一步，而且還能幫助我們進入層級②。

層級②的矛盾思考是**編輯情緒矛盾，找出問題的解決方案**。進入層級②之後，會先解開先前接受的情緒矛盾，找出徹底解決「棘手問題」的方法。這裡說的「編輯」是指分析「情緒Ａ」與「情緒Ｂ」，從另一個觀點重新剖析這兩種情緒的關連。

就讓我們試著將情緒Ａ與情緒Ｂ的關連從「犧牲的情節」編輯成「同時成立的

兩個情節」吧。

犧牲的情節：要犧牲哪一邊？

「要滿足 A，就只能犧牲 B。」

同時成立的情節：該怎麼做，才能同時滿足兩邊？

「換個角度思考，應該就能同時滿足 A 和 B。」

以示例的女性而言，「想自由自在的工作，就只能犧牲被管理的部分」以及「想接受管理，就必須犧牲自由」屬於犧牲的情節，但如果以這兩種節同時成立的角度思考，就會產生：

「得到多少的自由，就能滿足自己的欲望呢？」

這個新的提問。如此一來，問題的焦點就不在於「要自由，還是要接受管理」，而是「如何取得自由與管理之間的平衡」。一旦找到這個提問，就不需要從「要獨立還是要留在公司」之中二擇一，而是能開始思考曾未想過的具體解決方案。

以這位女性而言，就算不辭職，也能找到滿足心中需求的解決方案。假設以剛剛的提問為前提，仔細檢視自己的工作，說不定會發現自己的不滿源自「明明是精心製作的企畫，總經理卻置若罔聞，全憑一己之念駁回企畫」。假設真是如此，那麼解決方案就會是「希望總經理願意進一步了解企畫的背景」，也就能採取對應的行動。

假設心中的不滿源自沒有選擇客戶的權利，自己的興趣或是強項未能於工作充份發揮，覺得自己總是被忽略的話，那麼可以試著說明自己的興趣，或是與總經理討論「能不能多分派一些能夠勝任的客戶給自己」。

沒人知道這些解決方案是否可行，但至少可在試過這些方案之後，再決定是否獨立創業，此外，如果最終都是要辭職，也可以大膽地試著給予「上司回饋」。一旦換個角度思考，或許就能想到許多不獨立創業，也能解決問題的方案。

就算這位女性最終選擇了「獨立創業」，也會知道接下來不可能事事隨心所欲。

如此一來，或許就能找到：

- 一開始先找到外包管理的部分，減少自己的工作
- 尋找創業夥伴，請他負責自己不想做的工作

這種同時滿足情緒A與情緒B的方法。

層級②的矛盾思考就是像這樣將「情緒A與情緒B」從犧牲的情節編輯為同時滿足兩種情緒的情緒，如此一來就不會再陷入「到底該以情緒A還是情緒B為優先」的糾結，而是能另闢蹊徑，找到之前沒找到的解決方案。

層級③的矛盾思考則是「利用情緒矛盾，極限發揮創意」的階段。進入這個層級之後，已不再是「處理」煩惱，而是反客為主，「利用」情緒矛盾創造前所未有的價值。

透過層級②解決「棘手問題」之後，也可以自行激起情緒矛盾，試著締造意料之外的成果。

以前述的女性而言，不管最終是否獨立創業，「從事企業工作」都是職涯設計的前提，但是為什麼會是這個前提呢？

進一步探討這個前提之後，就會發現這個前提的背後藏著「想製作對大眾有所貢獻的企畫」的需求，這就是成為「職涯主軸」的核心情緒。

進入層級③的矛盾思考之後，會試著將這個情緒視為「情緒A」，然後對這個情緒提出質問。在找到「想製作沒有人需要的企畫」這個與情緒A矛盾的「情緒B」之後，再將這個情緒B設定為「目標」，然後試著讓這個目標成為職涯的一部分。

就算不辭職，也可以試著在週末的閒暇時間試著製作一些「無聊的企畫」，或是順著自己的興趣做一些「藝術作品」，什麼形式的嘗試都沒關係。

總之就是為了「一心想要有所貢獻的」自己設立「製作無用的企畫」這種落在天秤另一側的目標，硬是讓自己出現「情緒矛盾」。

乍看之下，這個對立的目標一點意義也沒有，但是當這位女性試著達成這個目標，或許能發現自己的藝術天份或是學到意外的技能，讓職涯的潛力無限擴張。

層級③的矛盾思考就是像這樣「無中生有」，自行激起「情緒矛盾」，讓創意發揮至極限。

除了像這樣「塑造職涯」之外，層級③的矛盾思考還能於「創意發想」或是「組織經營」的領域應用。相關的細節將於第七章說明。

矛盾思考的三個層級

層級① 包容情緒矛盾與消除煩惱
層級② 編輯情緒矛盾，找出問題的解決方案
層級③ 利用情緒矛盾，極限發揮創意

在矛盾思考之中，找出情緒矛盾，並且試著接受、編輯與利用情緒矛盾是最大的關鍵。

話雖如此，我們很難察覺自己在情緒上的矛盾。

發現藏在內心深處的情緒矛盾其實是第一道關卡，這部分會在實踐篇（第五章起）進一步說明。

要想擁有察覺情緒矛盾的能力，就必須先了解情緒矛盾的生成機制。我們的「內心」與身處的「世界」是情緒矛盾的源頭，所以第二章與第三章要進一步考察內心與世界的構造。

當我們剖析內心與世界的構造之後，就會發現情緒矛盾有一些會在各種情況不斷出現的「基本模式」。第四章會將這些基本模式分成五大類，並且將進一步說明。

急著知道「結論」的人可跳過第二至三章的考察，直接從第四章開始閱讀，接著再閱讀實踐篇（第五至七章）。

不過，要想培養察覺情緒矛盾的眼光，以及馴服情緒矛盾的體感，就必須了解情緒矛盾形成的原理，所以還是請大家找時間閱讀理論篇，讓這些理論化為腦中的知識。

第二章

催生情緒矛盾的「內心」構造

2.1 這些五花八門的情緒從何而來？
2.2 精神構造：那些讓人想視而不見的自卑有何作用
2.3 動機構造：難以控制的「幹勁」的奇妙之處

2.1 這些五花八門的情緒從何而來？

情緒的漸層與組合

從第二章開始要解讀我們「內心」的構造，一步步剖析本書的主題「情緒矛盾」源自何處。

一如前一章所述，所謂的情緒矛盾指的是問題的背後藏在「互相矛盾的情緒Ａ與情緒Ｂ」的狀態，一旦以Ａ or Ｂ的情緒優先，就找不到足以說服自己的答案。

如果是刻意說謊也就算了，為什麼這種堪稱「正相反」的矛盾情緒會同時於內心出現呢？

就讓我們先進一步了解何謂「情緒」吧。

在神經科學的領域裡，以客觀、科學的角度評估的「情緒」稱為emotion，也有不少研究者正在研究情緒的機制[5]。不同的研究對於情緒的定義都不同，但大致上都有異曲同工之妙。

我們每天都會為了一些事情而開心、生氣、難過或是快樂，而這種心情就稱為「情緒」。

我們很常使用「喜怒哀樂」這個詞，概括最具代表的四種情緒，但其實情緒還能進一步細分。美國心理學家羅伯特普拉奇克（Robert Plutchik）就提出了進一步分類情緒的情緒輪（Wheel of emotions）模型[6]。

---

5 櫻井武（二〇一八）《「心」從何而生：以最新腦科學解明情緒》（「こころ」はいかにして生まれるのか：最新脳科学で解き明かす「情動」）講談社

6 Robert Plutchik, Henry Kellerman (1980) Emotion: eory, Research, and Experience: Vol. 1 eories of Emotion. New York: Academic Press

圖表 7　普拉奇克的「情緒輪」

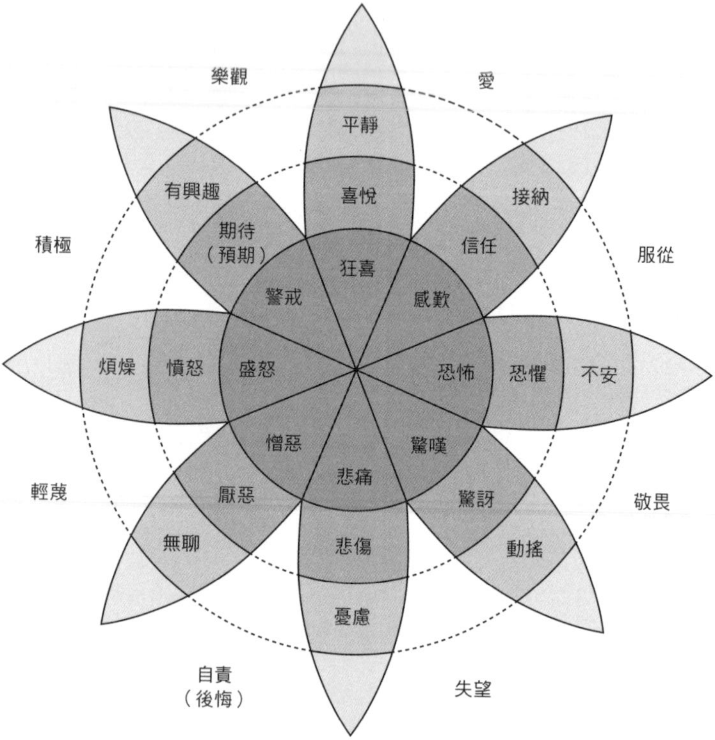

出處：Robert Plutchik, Henry Kellerman (1980) Emotion: Theory, Research, and Experience: Vol.1 Theories of Emotion.New York: Academic Press

普拉奇克認為人類有八種基本的情緒：喜悅（joy）、信任（trust）、恐懼（fear）、驚訝（surprise）、悲傷（sadness）、厭惡（disgust）、憤怒（anger）、期待（anticipation）。同時他以漸層形容從這些基本情緒的強弱所衍生的其他情緒。比方說，恐懼（fear）的情緒太強，就會轉化成恐怖（terror），太弱就會轉化為不安（apprehension）。一如「悲傷」的正對面為「喜悅」，將「正相反」的基本情緒配置在彼此對立的位置，也是這個情緒輪的特徵之一。

這個情緒輪除了指出人類具有前述的基本情緒，還說明了從這些基本情緒的強弱與組合所產生的二十四種「應用情緒」，比方說，「喜悅」與「信任」兩個彼此相鄰的情緒可組成「愛」，而「喜悅＋期待」則可組成「樂觀」。

有趣的是，幾乎位於兩極，「互不相關」的情緒也能互相組合，例如「信任＋悲傷」等於「感傷」、「恐懼＋厭惡」等於「羞恥」。

其他像是「喜悅＋恐懼」等於「罪惡感」，「憤怒＋喜悅」等於「自豪」，這些乍看之下，風馬牛不相干的情緒若是彼此組合，就能替人類那些難以言喻的情緒分類或是貼上標籤。

我們平常不會如此細分情緒，但其實情緒就是如此地纖細與多變，所以我們才會因為一點事情而難過，或是升華成另外的情緒。

透過神經科學觀察的情緒機制

到底前述的「情緒」是於人類的身體何處發生的呢？自古以來，有不少針對這項機制的探討與言論。

比方說，古埃及人認為情緒源自「心臟」，如今也以「心」說明情緒，英文的「心情」或是「心臟」，都寫成 heart 這個單字。

不過，隨著神經科學領域的研究愈來愈進步之後，目前已知的是人類的情緒源自大腦的「邊緣系統」。

所謂的「邊緣系統」是由判斷恐怖或喜悅的「杏仁核」、掌管記憶的「海馬體」以及其他部位所組成，是支撐人類主要活動的重要器官。

我們會透過「感覺」對外部資訊產生「情緒」。具體來說，當視覺、味覺、聽覺、平衡感、觸覺、痛覺這些「感覺」轉換成資訊與輸入大腦之後，這些資訊就會從大腦的「視丘」傳遞至「邊緣系統」。

此時邊緣系統會對這些感覺資訊設定權重，以及做出「很可怕」、「很開心」、「無所謂」這類評估，再將這些資訊轉換成「情緒」輸出。

情緒也與邊緣系統的「海馬」所掌管的「記憶」息息相關。比方說，再次遇到讓人「恐懼」的情況時，就會因為過去的經驗與記憶再次感到「恐懼」，身為動物的人類也是透過這項機制提高生存率。

情緒不僅在大腦之中產生作用，還會讓「身體」產生變化。

比方說，產生強烈的情緒時，大腦的「自律神經」就會變得活躍，心跳也會變得比平常更快，有時也會流手汗。這就是所謂的「興奮」狀態。

這些源自情緒的生理反應最後會反過來影響大腦，讓情緒產生質變，比方說，一開始是因為憤怒而心跳加快，之後卻因為心跳加快而更加憤怒。

一如「到底是因為悲傷才哭泣，還是因為哭泣才悲傷」的因果爭辯，情緒的確會激發生理反應，而生理反應也的確會激起情緒。假設心跳的速度會影響情緒，那麼「情緒源自心臟」的說法或許也不算是錯誤的。

其實與情緒產生機制有關的細節就讓給為數眾多的入門書籍或是專業書籍，但我們已經知道，我們會透過感官「評估」外部環境發生的事件或是外部對象，並且從中體驗所謂的情緒。

收到朋友的禮物時，我們會對禮物這個對象進行「評價」，進而產生「好漂亮」、「好像很美味」、「從以前就很想要的東西」、「有點小失望」這類「情緒」。

催生複雜情緒的「內心」構造

假設情緒源自針對對象的「評估」，或許就能得出「大腦會對開心的事件感到開心，以及大腦會對悲傷的事件感到悲傷」這種簡單明瞭的論。

但是，人類的「內心」沒那麼單純：

圖表8 催生矛盾的「內心」構造

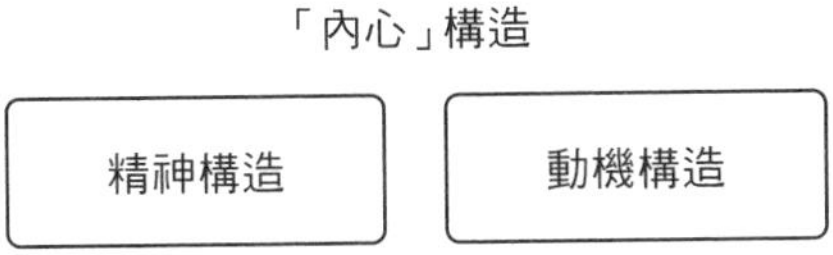

- 明明被人拋棄會很難過才對，卻掉不出半滴眼淚
- 聲援已久的音樂人爆紅，卻沒辦法打從心底欣賞他成為主流音樂人的模樣
- 原本只是畫好玩的水墨畫得到認同，也有人願意收購，卻愈來愈無法享受畫畫的樂趣

人類的「內心」就是如此地撲朔迷離，就算不願多想，我們還是會在日常生活的各種場面遇到彼此矛盾的情緒。

本章將從「精神構造」與「動機構造」說明這種內心變化的現象。

所謂的精神構造是指從無法控制的「潛意識」所產生的「自卑」。

動機構造則是所謂的幹勁，也就是產生動機的機制。這部分會說明內在動機與外在動機這類主題，以及說明讓人類「想要做些什麼」的心情有多麼複雜。

雖然精神構造與動機構造無法一刀分成兩半，但目前都已成為專業領域，也累積不少研究，本章打算參考這些研究，進一步挖掘如此矛盾的「內心」有哪些特徵。

2.2 精神構造：那些讓人想視而不見的自卑有何作用

深埋在「潛意識」之中，難以察覺的情緒

在製造矛盾的「內心」因素之中，「精神構造」可說是最直接的因素之一，而本節就要帶著大家剖析「精神」的構造。

我們總是以為很了解自己的內心狀態，也以為自己的內心總在掌握之中，但有時候我們總是會脫口說出一些想都沒想過的事情，或是因為家人的一句話、一個小動作而莫名生氣，有時甚至會被可怕的惡夢糾纏。

圖表9 精神的構造：從潛意識產生自卑

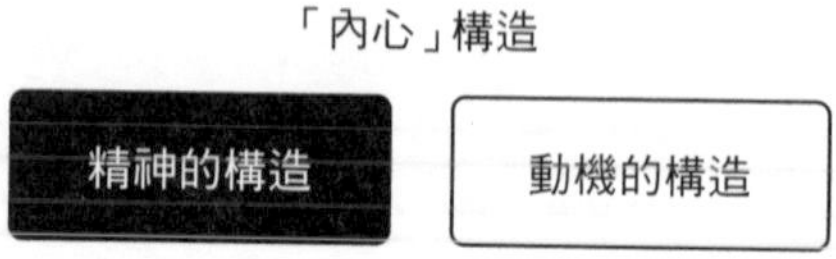

不管是誰，應該都曾經為了那些自己從未察覺的需求而大吃一驚才對。

釐清內心機制，催生「精神分析學」的心理學家佛洛伊德（Sigmund Freud）將這種狀態命名為「潛意識」。

也就是內心深處另有一個無法透過自己的「意識」理解的自己，擁有與意識背道而馳的需求的狀態。

有些潛意識能幫助我們在洗澡時，突然找到靈感，有些潛意識卻會讓我們不願意承認，或是不利於生活。

比方說，讓我們一起看看某位從小就被媽媽告誡「要成為有用的人」的二十幾歲男性的例子。

雖然這位男性在青春期與學生時代體驗了許多事情，也因此培養了豐富的人生觀，卻因為媽媽的教育方式而莫名地覺得「只要對別人沒有任何貢獻，就沒有存在的價值」。

這位男性進入社會之後，成為某間中小企業的業務員。由於他的個性很溫柔與隨和，所以一下子就適應了這個職場。

由於他總是能立刻察覺同事遇到了麻煩，也總是會先放下自己的事情，盡心盡力地協助同事，所以得到了同事們的信賴。等到新人進入公司，他也成為有模有樣的前輩之後，他已經是公司不可或缺的存在。

雖然他的業績不上不下，但他也沒有因此覺得特別不滿，倒不如說，他覺得「如果少了自己，公司就沒辦法正常運作」，這份使命感也讓他充滿工作動力。

其實對這位男性而言，「協助他人」不是他真正的目的，而是確認自我存在價值的唯一手段。

簡單來說，他是基於「我是個沒什麼存在價值的人」、「希望別人能夠認同我」的這些情緒才幫助同伴。這位男性刻意忽略了這項事實，因為這項事實會讓他無法接受自己，也會動搖整個人生的大前提。

若以深層心理學的用語形容，令人難以接受的情緒會被「壓抑」與埋進內心深處。這種**在潛意識之下被壓抑，又錯綜複雜的情緒**，就稱為**自卑**。

每個人都有的自卑有時會失控

在佛洛伊德與他的弟子阿德勒（Alfred Adler）、心理學家榮格（Carl Gustav Jung）的努力之下，自卑發展成一套理論，到了今日，已普及為日常用語。

自卑不一定是「不好的」。雖然前述的男性在潛意識之下，壓抑了自己真正的想法，但他的確協助了同事，也對身邊的人做出貢獻。

- 對自己的長相感到自卑，所以去健身房鍛練體態
- 對自己的學歷感到自卑，所以進入社會之後，繼續攻讀研究所
- 因為小時候很窮這件事感到自卑，所以決定創業，因而大獲成功

由此可知，覺得自己矮人一截的自卑感常常帶來正面的結果。

不過，自卑的狡詐之處在於若是長期置之不理，就會因為某些意外的事件而讓當事人做出完全不合邏輯與傷害別人的行為，也有可能會讓當事人的內心受傷。

以前述的男性為例，他常不自覺地尋找「需要幫助的人」，也以為少了自己的貢獻，這個職場就無法正常運作，也只能不斷地幫助別人，藉此維護自己的自尊心。

每當他找公司的後輩一起喝酒，總是預設對方「一定有一些煩惱」，也不斷地追問對方的不幸，這種態度有時會讓後輩覺得這位男性「很雞婆」。

對這位男性來說，幫助他人這件事不能讓他感到滿足，而是在幫助他人之後，得到對方的「感謝」之後，才能得到滿足。

愈是覺得自己是為了對方著想而試著找出對方的「煩惱」，愈無法得到想要的「感謝」，有時甚至會被敬而遠之，這位男性也因此遭受撕心裂肺的痛苦。

不過，他無法承認這點，也不懂得如何排遣這種情緒，於是在喝酒的時候突然暴怒，讓旁人陷入困惑。

這位男性不幫助他人解決問題，就無法維持幸福的現象稱為**彌賽亞情結**（Messiah Complex；又稱救世主情結），這種情結也屬於自卑的一種。

自卑的種類非常多，有的是對於父母親的自卑，有的則與性有關，有興趣的讀者不妨閱讀相關的書籍。

避免內心受傷的舉動會創造矛盾的情緒

不管是誰，或多或少都有這類自卑，大部分的自卑都源自覺得自己不如他人，或是無法面對低自尊的自己，因此自卑可說是不斷製造矛盾情緒的根源。

日本知名心理學者河合隼雄曾說[7]，自卑很像是某個黨派之中的派閥。就某種程度而言，這個派閥必須配合整個黨，但是這個派閥有時候又會出現反抗黨的成員，這是以大局為重的舉動與自我改革的行動互相對立的情況。每個人的心中都像這樣，存在著製造矛盾的因子。

如果不理會這些彼此對立的情緒，任由它們惡化，有時會形成嚴重的心理問題。不過，我們的內心也具有自我保護的功能，能主動遠離這些被壓抑的自卑與不安，這在心理學就稱為**防衛機制**。

所謂的防衛機制是指那些在潛意識之下被壓抑的需求被置換成其他需求的態度或行動，以及出現在意識的反應。

比方說，明明喜歡對方，卻莫名地避開對方，不敢面對這份感情的行動就是其中之一。這在防衛機制之中稱為**反向作用**（reaction formation）。

這種反向作用往往會造成「想打好關係，又不想太過親近」的「情緒矛盾」。

這種內心的糾葛會讓我們在青春期的時候，無法坦率地面對喜歡對方的感情，也會讓我們不得不壓抑那股「想交男女朋友」的衝動，逼自己把所有時間用在社團活動或是讀書，藉此保護自己，而這就是被稱為「代償」的防禦機制。

容我重申一次，自卑不是罪惡，代償這種防禦機制常讓人在體育的世界獲得理想的成績，或是讓人得以考上好大學，所以不如說自卑是正面的助力。

不過，強迫自己忽略「想交男女朋友」的欲望，努力參與社團活動或是讀書之後，有可能會對那些談戀愛談得很開心的同學產生「嫌惡的情緒」，或是會挖苦對方是「很愛玩的人」或是「很閒的人」，將那些滿足了自己無法滿足的欲望的人視為「敵人」，甚至會為了合理化這種情緒而以「誰要交什麼男女朋友啊！」這類說詞欺騙自己。

這種行為最終也會造成「很想交男女朋友，但是沒辦法允許自己交男女朋友！」

7 河合隼雄（一九七一）《情結》（コンプレックス）岩波書店。

「也很想大玩特玩，但無法原諒那些偷懶，很愛玩的人！」這種「情緒矛盾」。

自卑是催生變化的能量來源

到目前為止，大致介紹了自卑的特質。儘管人心難測，但只要懂得掌握人心，就能獲得突破現況，開創新局的能量，而這個能量就源自自卑。

卡爾榮格曾說自卑感「可激發偉大的努力」，也是「完成新工作的潛能」。筆者秉持專業所著的「學習論」也認為這種內心強烈的糾葛，是人類成長的動力。

成人教育學領域中的巨擘傑克・馬濟洛（Jack Mezirow）認為，成人最重要的學習在於「對事物的見解的轉變」，這個過程稱為**改造型學習**，而這個改造型學習分成十個階段[8]：

改造型學習的進程

1. 引起混亂的兩難困境

2. 伴隨恐懼、憤怒、罪惡感、恥辱感等情感的自我探究
3. 重新審視典範（paradigm）
4. 認知到他者也會與自己分享同樣的不滿及改造過程
5. 為形塑新角色或新關係而探索其他選項
6. 制定行動計畫
7. 為了執行自己的計畫而掌握新知識或技能
8. 嘗試融入新角色和關係
9. 在新的角色或關係之中培養能力與自信。
10. 將新觀點（對事物的看法）重新統整到自己的生活中

值得注意的是，成人的成長起點為「引起混亂的兩難困境」這點。這部分指的是

8 Jack Mezirow (1978) Education for Perspective Transformation: Women's Re-entry Programs in Community Colleges. Center for Adult Education, Teachers College, Columbia University, New York

內心的糾葛，與本書介紹的「情緒矛盾」系出同門。

一如下個階段的「伴隨恐懼、憤怒、罪惡感、恥辱感等情感的自我探究」，成人在成長過程中，一定會伴隨著「痛苦」。

不過，試著面對與解決猶如心理創傷的自卑，往往會帶來精神層面的風險。某些方面的自卑會逼我們面對超乎想像的失落感與悲痛。

不過，本書的主旨並非帶著大家解決源自內心深處的自卑，而是要透過後設認知的方式了解源自自卑的「情緒矛盾」，減輕各種煩惱。簡單來說，就是帶大家找到意料之外的突破口。

在此事先聲明，有關自卑的精神疾病治療有時需要仰賴教練、心理諮詢師或是擁有相關專業的專家協助。

源自精神構造的情緒矛盾

——例：「想改變」卻「又不想改變」

——例：「想得到讚美」卻不想「被關注」

例：「想與對方打好關係」卻又不想「與對方太過親近」

例：「想要○○」又覺得「不需要○○」

2.3 動機構造

難以控制的「幹勁」為什麼如此不可思議？

人類總是想要避免「不愉快」以及變得「愉快」

從本節開始，要帶大家剖析另一個造成矛盾的心理因素，也就是「動機」的構造。
所謂的動機就是人類的「幹勁」，也就是 motivation 這個英文單字。
一直以來，心理學領域累積了不少與動機產生機制有關的研究。
尤其「強化動機」的研究更是如火如荼地展開，因為這在學校教育或是企業管理的領域之中，都是不得不面對的問題。

不過，這世上之所以沒有「讓不想讀書的小孩突然想讀書」的「魔杖」，是因為人類的動機充滿了矛盾，而且非常複雜。

如果簡單粗暴地解釋人類的動機，那就是人類總是規避「不愉快」（負面的目標）的事物，想要接近「愉快（正面的目標）」的事物[9]。

所謂「不愉快（負面的目標）」是指不甚理想的狀態，比方說，身體的病痛、金錢方面的損失、沒面子或是人際關係惡化的情況，總之就是各種「負面」的情況。

反之，「愉快（正面的目標）」則是理想的狀態，比方說，食慾與其他各種欲望或是好奇心得到滿足，抑或得到報酬與認同這類情況。正面的目標當然也有很多種。

強化動機的原理

●每個人都想規避「不愉快（負面的目標）」的事物

9 上淵壽、大蘆治編著（二〇一九）《新・強化動機研究的最前線》北大路書房

圖表 10 動機的構造：產生動機的機制

「內心」構造

精神的構造　動機的構造

●每個人都想接近「愉快（正面的目標）」的事物

每個人都是在上述的原理驅使之下，才能拚命完成眼前的事情，例如「不想因為失敗而丟臉，所以拚命練習（規避不愉快的事物）」或是「為了滿足食慾而進食（接近愉快的事物）」。

當上述的「不愉快」與「愉快」達成平衡，我們就能做出極為合理的判斷，可惜的是，這兩者通常會有落差，有時候還彼此衝突。

例如，下列這些情況就是如此：

●想要多喝一杯（接近愉快的事物）

●但是不想宿醉（規避不愉快的事物）

這兩種需求之間，有著微妙的時間落差。前者是「當下」的需

圖表 11 強化動機的原理：從不愉快轉化為愉快

求，後者則是「隔天」的需求。

人類總是以「短期」的「愉快」或需求為優先，所以在遇到上述的情況時，總是會找很多藉口，讓自己「多喝一杯」，到了隔天早上之後，又後悔不已。

一旦以「短期」的「愉快」為優先，就難以規避長期的「不愉快」，而這種「想多喝一杯」卻「不想後悔」的現象正是情緒矛盾。

由於人類具有這種「趨吉避凶」的特質，所以當不同的需求之間出現時間的落差，就會造成各種矛盾。

「想做」與「不得不做」的心情會產生衝突

要想了解人類的動機的基本構造，就不能忽略「內在動機」與「外在動機」的特質。

其實內在動機與外在動機的定義到目前為止還沒有定論，不同的學者有不同的見解。

以最為普及的定義而言，內在動機是指基於自己的「興趣或趣味」所驅動的動機，外在動機則是由他人給予的「報酬或賞罰」所催化的動機。

雖然上述的定義是正確的，但是這兩種動機之間的界線卻非常曖昧，比方說，有些人覺得「賺錢很有趣」或是「滿足別人的期待很開心或是很有成就感」，所以心理學專家對於內在動機與外在動機的定義仍各持己見，目前仍眾說紛云。

本書則是根據先行研究如下定義內在動機與外在動機[10]：

內在動機：行為本身具有動機

外在動機：在行為之外另有動機

內在動機發動的狀態是指，不管是吃飯、遊玩、工作，都是想做才做的狀態，也就是因為想吃東西而吃東西，因為想玩才玩，工作也是因為想做才做的狀態。

外在動機發動的狀態則是為了其他的目的才從事某種行為的狀態，比方說，食物沒吃完會被罵，所以想把食物吃完，為了增加見聞所以四處遊玩，或是為了賺錢才工作的狀態。

在討論內在動機與外在動機的關連之際，就必須連帶討論**過度辯證效應**（undermining effect）這個廣為人知的特質。

過度辯證效應

持續對於源自內在動機的行為給予報酬之後，一旦不再給予報酬，進行該行為的動機會比給予報酬之前更加低落的現象

比方說，原本只為覺得有趣才畫畫，從來沒想過要得到別人的稱讚，或是靠畫畫

10 上淵壽、大蘆治編著（二〇一九）《新・強化動機研究的最前線》（新・動機づけ研究の最前線）北大路書房。

賺錢，但是一旦能夠透過畫畫得到上述的報酬，內在動機就會慢慢地變弱，一步步轉化為外在動機。

心理學領域也有推翻過度辯證效應的實驗，所以過度辯證效應尚未成為定論。

不過，若從我們的親身體驗來看，就算不是所有情況都符合過度辯證效應，但是「內在動機」與「外在動機」彼此排擠的情況的確很常見。

以工作為例，當我們發自內心從事的工作得到好評，內心就會出現上述的糾葛，會愈來愈希望得到同事的讚己，慢慢地「得到同事的讚美」變成主要的目的，再也無法純粹地享受工作帶來的樂趣。筆者也曾經有過類似的經驗。

打從心底「想做」的心情，以及為了滿足身邊的人而「不得不做」的心情，往往會產生一定程度的衝突。

「靠興趣過活」的矛盾

讓我們以「靠興趣過活」這句口號為例，思考源自內在動機與外在動機之間的情緒矛盾。

在影音共享平台YouTube上傳影片，藉此賺取利潤的人稱為YouTuber，而YouTuber已經成為非常熱門的職業之一。

YouTube在二〇一四年的時候，透過「靠興趣過活」這個口號與廣告，掀起了人人想當YouTuber的這股熱潮。

許多年輕人在受到這個口號啟發之後，便以全職YouTuber為目標，開設自己的頻道，不斷地介紹自己感興趣的主題，從事有興趣的活動，或是上傳自己與朋友交流的影片。

雖然能夠成為全職YouTuber的人少之又少，但的確有一小撮YouTuber賺到了足以與明星媲美的知名度或收入。

不過，愈是成功的YouTuber，愈是異口同聲地強調「靠興趣過活」這句口號有多麼殘酷。

為了贏得流量，讓頻道不斷成長，就必須分析觀眾的屬性以及閱聽習慣，然後一邊參考影片下方的留言，一邊不斷地精進影片的企畫以及剪接技巧。

當這些 YouTuber 每天做著這些事，漸漸地，獲得流量就會成為主要的目的，那些源自內在動機的活動（因為喜歡才做的事情），也會轉化為外在動機的活動（為了滿足觀眾而做的事情）。

如果真的想出很好的企畫，或是擁有很厲害的影片製作技巧，要以「自己打從心底喜歡的事情」滿足觀眾的胃口，也不是不可能的事情。不過，要在「想做」與「不得不做」的天秤之間取得平衡，的確不是一件容易的事情，而且當「興趣」變成工作，有可能慢慢地就不再是「興趣」，這就是源自內在動機與外在動機的情緒矛盾的絕佳範例之一。

為什麼會出現「一招走天下」的藝人呢？

外在動機並非百害而無一利。

為了贏得高報酬或是讚美而挑戰高難度的工作，或是為了得到異性青睞而在意外表，為了長壽而開始運動，都會讓我們的生活充滿動力。

但是，外在動機有一個不容忽視的問題，那就是一旦找到能輕易贏得報酬或是讚美的「絕招」，就會一直想要「故技重施」，藉此贏得報酬與讚美。

在搞笑的綜藝圈之中，偶爾會出現靠「一招走天下」的搞笑藝人，等到觀眾看膩了，就從觀眾的視野之中消失。這個現象其實能透過「絕招」的動機構造說明。

就算是本來不太紅的藝人，一旦因為某些梗而爆紅，就會成為當紅炸子雞，各家電視台也會爭相邀請這位藝人上節目，要求他表演讓他爆紅的段子。

一般來說，搞笑藝人的「蟄伏期間」非常久，手頭也很不寬裕，所以突然爆紅的藝人更是不想被認為是「炒冷飯」[11]，或是「回到沒沒無聞」的狀態。

不過，那些能夠紅很久的藝人，幾乎都不會只有「一招半式」。他們總是不斷地挑戰自己，不斷地增加自己的才藝，也只有這樣的人才能夠持續在演藝圈打滾。

那些爆紅的搞笑藝人當然也知道這點，也知道再這樣下去，終有一天自己會淪為

11　過時不好笑的哏。

圖表 12　強化絕招的惡性循環

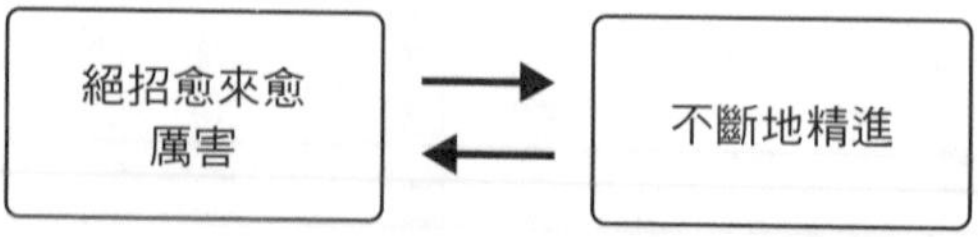

「一招走天下」的藝人，但是在害怕自己「江郎才盡」的恐懼與「不適」的驅使之下，還是會應各界要求，不斷地「故技重施」。

這時候的他們沒有時間培養「新的才藝」，一回過神來，才發現觀眾已經看膩他們的「絕招」。由此可知，外在動機會讓當事人陷入「強化絕招的惡性循環」之中，這也是靠「一招走天下」的搞笑藝人一定會遇到的矛盾。

其實這個道理也能用來介紹商業模式。

當某項事業大獲成功，贏得了大量的顧客以及利益，當事人就會沉溺於這個「成功體驗」，不斷地改善這項事業，因而不願意投資那些不知道會不會成功的「新事業」，錯過投資的黃金時間，久而久之，就會被充滿挑戰精神的競爭對手反超。

這個現象在管理學稱為**能力陷阱**（competency trap）。所謂的能力是指能締造成果的行動特質，所以 competency trap 這個英文單字又能譯成**絕技陷阱**。

圖表13　源自外在動機的「能力陷阱」

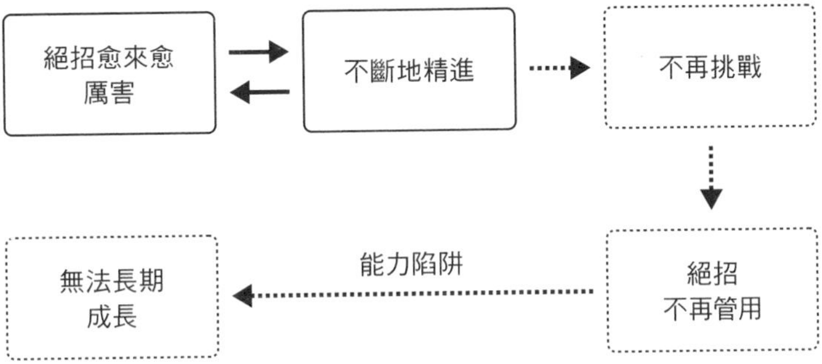

就算不懂管理學，也知道這是人類再自然不過的特質。比方說，在打保齡球的時候，連續擊出兩次全倒之後，應該不會有人在第三球的時候，故意改用比較重的球，或是試試其他的丟法，而是會盡可能模仿剛剛的丟法，以免不小心失誤。想要持續改善過去的成功模式乃是人之常情。

當我們進入外部環境的遊戲規則不斷變動的「VUCA時代」之後，對於搞笑藝人、管理者或是其他領域的人而言，這種源自外在動機的「能力陷阱」都是不得不面對的矛盾之一。

「想繼續精進之前行得通的絕招，但是也想因應潮流，進行不同的挑戰」，希望在變動的大環境之中「贏得成功」的人往往會因為「想改變」與「不想改變」的動機彼此衝突，而陷入天人交戰的困境。

源自「膩煩」的動機矛盾

除了觀眾會看膩以及無法跟上外部環境的變化之外，不能一再「故技重施」的原因其實還有很多。

若從動機的觀點來看，更是無法忽略「自己也覺得故技重施很煩」這個原因，因為每個人都會覺得一直做一樣的事情很煩。

當我們一再重覆某個過程，就會徹底記住接下來要發生的事情，自然而然就會覺得「很煩」。

有些角色扮演遊戲（Role-Playing Game，RPG）會採用 New Game+ 的系統，也就是在破關之後，讓遊戲角色繼承原有的技能、狀態與裝備，從頭開始玩的系統，如此一來，實力具備打倒大魔王的玩家就能回到「新手村」，虐殺那些「小嘍囉」，以無雙的模式，痛快地享受第二次的遊戲。

不過，這種痛快的感覺最多只能延續到第三次遊玩，因為不管遊戲再有趣，只要玩超過一百次，就能夠預測接下來的劇情或是敵人的行為模式，就算是在半夢半醒的狀態之下，也能毫無阻礙地破關。一回過神來，就會發現該遊戲已經變得很「無聊」。「接下來會發生什麼事情？能夠順利擊敗敵人嗎？」一旦這種讓人心驚膽顫的刺激感消失，就再也不會因為接下來的劇情而感到驚訝，也不會因為成功打敗怪物而開心，本該如浪濤起伏的「情緒」也變得無比平靜。

明明每個人都愛好平穩與安定，但是又會覺得波瀾不起的生活「好無聊」、「好枯燥」、「好想有些新鮮的刺激」，長此以往，便會沒來由地對「新事物」產生興趣。

這也是累積職涯的趣味與困難之所在。

每個人都希望「透過過去的經驗開創未來」，例如，希望在考大學的時候，在高中喜歡的科目能派上用場，或是在念大學的時候，希望能學以致用，找到想要的工作，又或者想在其他的部門活用在前部門學到的技術。從學習效率或是自我成長的角度來看，這是再理所當然不過的想法了。

偉大的美國哲學家約翰・杜威（John Dewey）曾針對人類的「經驗的連續」進行研究，並且指出過去的經驗可於現在的經驗應用，而現在的經驗可於未來的經驗應用[12]。

不過，杜威也指出，人類總是會有「想要做些什麼」的「衝動」，而這股衝動就像是與生俱來的本能一樣，幫助我們擺脫過去的窠臼，以及培養全新的習慣。

由此可知，當我們在設計職涯時，常常會希望能夠讓「現在的經驗延續到未來」，卻又希望自己「偶爾能夠挑戰全新的事物」或是「想要跳到另一個新環境」以及「希望做一些稍微有別以往的工作」，而這種想要經驗能夠延續下去的傾向，以及想要擺脫過去的經驗，挑戰新事物的衝動總是會彼此交戰，讓我們陷入無窮迴圈的煩惱。

源自動機構造的情緒矛盾

例：「想立刻去做」，卻「不想因此後悔」

例：「想做自己喜歡的事情」，卻「想得到別人的讚美」

例：「想要精進專長」，卻「想挑戰新的方法」

例：「想繼續做之前一直在做的事情」，卻「覺得之前的事情很煩，想挑戰不同的事情」

12 約翰・杜威（一九三八）《經驗與教育》（*Experience and Education*）講談社；繁體中文版由聯經出版（二〇一五）。

第三章

創造矛盾的「世界」的構造

3.1 這世界充滿矛盾

3.2 組織構造：從階層與權限衍生的各種問題

3.3 社會構造：讓人騎虎難下，破不了關的社會

3.1 這世界充滿矛盾

組織這種構造會產生充滿矛盾的要求與關係

第二章提到，我們的內心（精神、動機）彷彿像是某種「矛盾產生裝置」，而本章要將目光轉向內心的「外側」。

常言道「這世界充滿矛盾」，這個「世界」的構造的確非常複雜，也是情緒矛盾形成的第一主因。

若問上班族最熟悉、最是「充滿矛盾的世界」是哪裡？大概都會反射性地回答企業這種「組織」吧。

不管規模是大是小，只要隸屬於組織，就免不了為了各種複雜的規範而煩惱：

- 得像是例行公事般，準確無誤地完成該做的事，但同時也得挑戰新事物
- 除了聽從「上級」的指示，還得要求「下屬」主動提出建議
- 除了得與同梯的同事競爭，還得像是同一間公司的人一樣團結合作

一如本章第二節所述，組織的本質透過「界線」區分的「階層」，以及「職責」與「權限」的分配。

當這些元素揉和，該組織的成員就得面對如雪花般飛來的各種「無理課題」。

此外，當組織內部出現更多「既是同伴」又是「敵人」的成員，就會產生更多的矛盾。

圖表14　造成矛盾的「世界」的構造

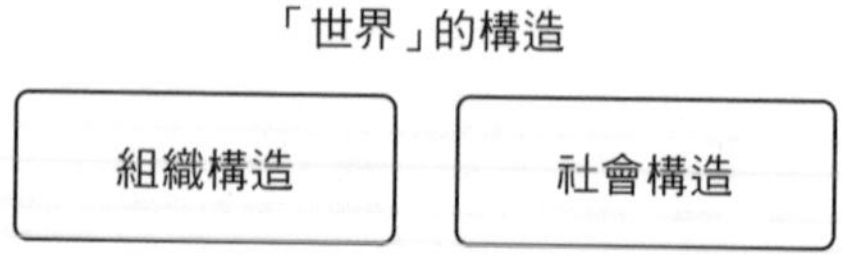

統治社會的系統也充滿矛盾

若是進一步放寬視野，就會發現我們遵循的「社會制度」也是造成矛盾的一大主因。

比方說，我們熟悉的「資本主義」與「民主主義」這類政經系統乍看之下非常均衡，但這兩種系統共存時，就會造成各種矛盾。這部分也將在第三節進一步說明。

此外，原本就充滿矛盾的「資本主義」與「民主主義」也都面臨了瓦解的命運，所以情況也變得更加複雜。

再者，為了「統治」社會而設立的各種措施或是制度也不容忽視。比方說，因為「監控」而侵犯個人隱私的問題，或是「犯罪」這類脫離規範的行為都無法一句話判斷「是好是壞」，也對各種矛盾造成影響。

如此複雜的外在世界不斷地刺激我們，也讓我們一再出現矛盾的情緒。接下來將把這個複雜的世界分成「組織構造」與「社會構造」，再於各節進行討論。

3.2 組織構造：從階層與權限衍生的各種問題

人類習慣劃清界線與組成「集團」

工作上的問題或是溝通問題有不少都源自人類的集團，也就是「組織構造」。

所謂的組織是指，為了達成某種目的而分工合作的集團，而這種集團的本質就是所謂的「權線」。

不管是大公司、運動團隊、偶像團體還是同好會，都有區分內外的「界線」，將同伴與外人一分為二，集團也就此成立。

以地區型的志工活動為例，每個人隸屬組織的感覺都不一樣，愈是位居核心的成員，向心力愈強，愈是參與度不高的周邊成員，向心力也愈低，有界線才有集團這件事仍然成立。

一直以來，人類都是透過集團生活因應外界的變化。

尤其以日本為例，自稻作技術傳入日本之後，「村」這種社群單位便形成，也以劃分界線的方式強化彼此的向心力。被界線保護的「同伴」總是以不計得失的方式幫助彼此。

美國認知心理學者麥可・托馬塞洛（Michael Tomasello）指出，人類互作的習性（利他）是自嬰幼兒時期就出現的特質[13]。

不過，這種看似無邊無際的利他會隨著長大而開始「選擇對象」，也就是收斂為「具有意義的互助關係」。

因此，劃分界線、形成集團、與同伴分享特定的利他，是為了提高生存效率的重

13　麥可・托馬塞洛（二〇〇九）《我們為什麼要合作》（*Why We Cooperate*）。

圖表 15　組織的構造：階層與權限將製造大量矛盾

要策略。

任何社群都難以維持關係

不過，這些由「同伴」組成的集團再怎麼強化彼此的信任，也無法一直維持相同的關係。

鑽研「社群」的專家埃蒂安・溫格（Étienne Wenger）[14]指出，社群與生物一樣，都有誕生到死亡的成長階段，也將這個成長階段整理成「①潛在；②集結；③成熟；④維持與提升；⑤轉型」這五個階段。

①**潛在**：創始成員遇見彼此，建立人際關係，為了解決某些問題而組成社群的階段

②**集結**：實際創立社群與展開活動，成員之間形成強而有力的互信關係。

③**成熟**：社群初期的能量漸漸冷卻，一邊接受新成員，一邊擴大活動的階段。

④**維持與提升**：社群趨於穩定，也持續展開活動，但也是最容易失去活力的階段。從初期就參與的資深成員與新成員之間出現認知上的落差。

⑤**轉型**：社群難以維持，必須轉換路線的階段。社群有可能於此時衰退而解散，或是分裂成其他的社群，以及與其他社群合併，也有可能建立制度，成為正式組織。

仔細觀察溫格提出的五個階段的模型，就不難了解人類的集團很難維持相同的關係。

不管是哪個社團還是同好會，成員都會覺得「要是能一直維持如此美好的關係就好了」，但是就像人類無法擺脫衰老與死亡的命運，社群也無法達成上述的這個願望。

儘管關係難以維持，但我們還是會希望彼此成為「好夥伴」，努力維持彼此的關

---

14 Etienne Wenger、Richard McDermott、William M. Snyder（2002）*Cultivating Communities of Practice: A Guide to Managing Knowledg*。

圖表 16 溫格提出的「社群發展階段」

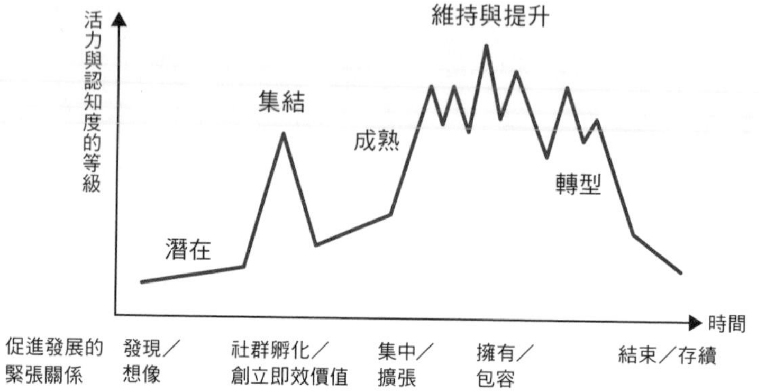

註：折線為社群當下的活力與認知度的等級

出處：Etienne Wenger、Richard McDermott、William M. Snyder（2002）*Cultivating Communities of Practice: A Guide to Managing Knowledge*.

係，不過，正是這種想要維持集團的欲望製造了人際關係方面的「情緒矛盾」。

比方說，當社群走過草創時期，開始穩定經營之後，不管喜歡或不喜歡，對於社群的熱情都會漸漸冷卻。此時通常會出現「打破常規[15]，找回最初熱情」的情緒，如此一來，就必須改變舊有的作風，或是接受新成員，藉此創造「變化」。

與此同時，也會萌生「不想要改變過去的作法」、「不想增加新成員，只想與老夥伴一起努力」這類矛盾的需求。

與人類的自卑一樣，集團之內會同時出現想要維持集團原貌的需求，以及改革集團的需求，於是集團的成員之間就會出現矛盾的情緒。

因集團階層化而逐步淡化的「同伴關係」

一旦決定擺脫那種想維持小社群親近感的想法，以及讓集團擴張與成長，最終就會成為所謂的「組織」。

其實只由交情建立的集團無法擴張規模。要讓集團成長就必須接納新成員，一旦人數增加，彼此就會變得疏遠，而當集團成長至一定規模，覺得彼此是「夥伴」的感覺就會消失。

就企業經營理論而言，若想維持緊密的關係，一個團體的成員最好落在五到七人之間。雖然這不是定論，但是我很少聽到「一個小團隊的人數最好超過十人」這種積極的建議（雖然就實務而言，常有因為中階管理人員不足，不得不讓一位中階主管同

15　固守獨特的格調或形式，逐漸規則化而失去新鮮感，語源 mannerism。

圖表17　成員一旦增加，「階層」就會形成

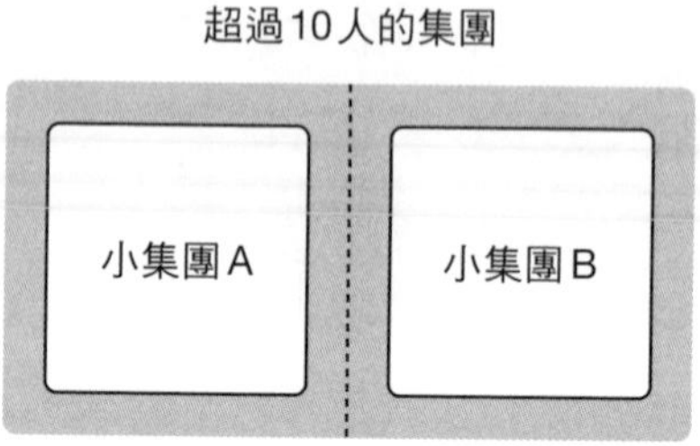

時管理超過十位員工的情況）。

要讓團隊的成員徹底了解彼此的目標與能力，同時緊密合作的話，五至七位成員似乎是最理想的人數。

因此，一旦團隊人數超過「兩位數」，團隊就會分裂成小團隊，整個團隊之中也會出現「界線」，也就是所謂的「階層」。

當團隊分裂成小團隊與出現階層，就能一邊維持彼此的關係，一邊擴大整體的人數。

不過，當團隊的人數超過「三位數」，就會遇到下一個問題。

英國人類學家羅賓・鄧巴（Robin Dunbar）[16]指出，團隊人數最多不能超過「一百五十人」，否則團隊成員就無法維持良好的人際關係，而這個數字又稱為「鄧巴數」。

也就是說，即使組織分裂成小集團，只要超過一百五十人，就很難將隸屬於其他小集團的成員視為「夥伴」。

鄧巴利用一般人大腦容量以及人類以外的靈長類資料推測了這個數值，而這個數值與實際感受相去不遠，所以這個數值很常被當成建立朋友關係、擴張人脈的基準，以及組織設計的依據。

話說回來，當社群媒體的朋友或是LINE的聯絡人超過一百五十人，就很難立刻想起對方的臉孔或是名字，也很難將對方放在心上，維持良好的關係。

姑且不論這個上限是否真為「一百五十人」，我們在建立良好關係這點上面，似乎真的有所謂的人數上限。

當組織成長至這般規模後，不僅會水平分裂為多個小集團（團隊），還會為了讓業務與溝通變得更有效率而垂直分裂，增加許多中間階層，久而久之，分處「河岸兩側」的A與B就會在某個時間點突然覺得「彼此隸屬於不同的集團」，而不是覺得「彼

16 Dunbar, R.I.M. (1992) Neocortex size as a constraint on group size in primates. *Journal of Human Evolution*, 22 (6): 469–493).

圖表18 當階層變得複雜，同伴關係便漸漸消失

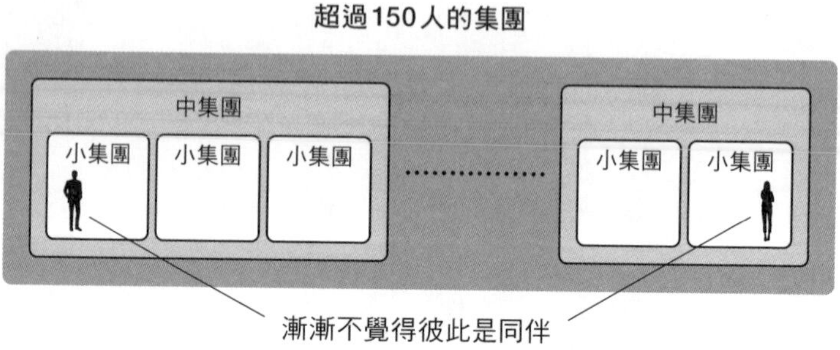

此隸屬於同一個集團」。

照理說，一開始先透過劃清「界線」的方式組成團隊，讓每個團隊都有「我們是夥伴」的共識，但是當組織不斷膨脹，階層漸趨複雜，這種共識便慢慢淡化，而這就是源自組織構造的矛盾。

因組織內部的「團隊對立」而形成的「內部敵人」

當小團隊的成員不再覺得彼此是夥伴，組織的規模也擴張至幾百人、幾千人的程度，不認識其他成員也變成理所當然的事，經營者也只好狠下心來，另外增設部或是課，讓階層變得更複雜，藉此打造更完整

的組織。

這與同里的人不認識彼此，或是住在同一棟大樓的住戶不認識鄰居是一樣的道理，就算是隸屬於同一個組織的成員，只要彼此在情感上沒有任何交流，彼此當然就是陌生人。

不過只要回想一下就會發現，組成集團的好處在於能夠「不計得失，彼此協作」，而這種符合利他的互助關係也奠基於「不會背叛彼此」的信賴關係。

將會計的工作交給值得信賴的資深成員，就不用擔心虧空公款的問題（只是這往往也是發生虧空公款的原因）。

將自己的小孩託給知心好友照顧，就不用擔心小孩被拐走的問題。覺得這麼做「應該不會有問題」，可說是建立互助關係的前提。

可是當組織愈來愈龐大，「我們是夥伴」的革命情感愈變愈淡之後，成員就會開始「計較得失」。

換句話說，不再會因為彼此是夥伴而互助，而是要有所得才願意付出。反過來說，會覺得幫助無法回報任何好處的人是一種「損失」，所以會更謹慎地挑選合作對象。

在介紹決策的個案研究時，常常會提到「囚徒困境」這個比喻，也就是把嫌犯A與嫌犯B分別關在不同的房間，然後檢察官對A、B兩人提出認罪協商的情況。

檢察官提出的認罪協商如下。如果兩個人都自白，就會一起被關五年，如果兩個人都保持沉默，就會因為證據不充足而只需要關兩年。如果只有其中一人自白，自白的這個人就能因為酌量減刑而無罪釋放，但另一人就必須關十年。

假設A、B兩人相信彼此是「夥伴」，應該會不計自身利益，甘願選擇「保持沉默」，這對他們來說，是傷害最小的選擇（兩個人加起來只需要關四年），也是最合理的判斷。

不過，一旦這兩個人覺得「對方有可能背叛自己」，以及開始計較「自身的得失」，就會覺得「先自白再說」，不管對方會做出什麼決定，如此一來，往往演變成「兩邊都自白」的情況，兩個人都做出了不合理的選擇。這就是所謂的「囚徒困境」。

雖然這個比喻很極端，但其實大組織很常發生類似的情況。

比方說業務部門與會計部門明明就是「同一個公司」的部門，照理說應該要互助合作，卻常常以自己部門的利益為優先，做出「其他部門的問題不干我們部門的事」或是「要想贏過其他部門，就不能將情報分享給其也部門」這種不符合公司整體利益的判斷。

組織心理學也提到[17]，儘管「團隊」這種小集團的框架能強化團隊的向心力，卻很難與其他團隊合作或是分享資訊，進而造成團隊之間的對立與心結。

當組織出現錯綜複雜的「界線」，團隊A的成員與團隊B的成員就會覺得彼此雖然同屬一個組織，彼此卻是「外人」。換言之，會出現彼此雖然是「同伴」，卻又是「敵人」的矛盾。

這就是在組織之中形成各種矛盾的簡單特質。

17 Cuijpers, M., Uitdewilligen, S., Guenter, H. (2016) Eects of dual identification and interteam confict on multiteam system performance. *Journal of Occupational and Organizational Psychology*, 89(1), 141-171

集團的職責分配與非職責行動的矛盾

在此若是加上「職責」或「權限」這兩個分析組織架構的關鍵字，應該就能進一步釐清矛盾形成的原因。

首先讓我們一起思考，「職責」在組織之中製造的矛盾。

其實沒有任何職責關係的人際關係非常曖昧與脆弱，只要發生一點小事，人際關係就會崩盤或是陷入膠著。

以年輕的學生情侶為例，明明剛開始交往的時候，男方都會安排行程，一旦不再這麼做，女方就會不開心，最後就會因為吵架而分手……想必大家很常聽到這類例子。這是因為彼此的默契與期待不再同步所導致的結果。

要讓人際關係趨於穩定，就必須在某個時間點釐清「彼此的期待」以及「自己該負起什麼責任」，也就是定義自己的「職責」。只要彼此能達成「我掃廁所，你掃廚房」這種程度的共識，就能避免糾紛。

釐清彼此的「職責」雖然是件好事，卻也有很多副作用，有可能會讓當事人的行為模式與思考模式會變得僵化。

比方說，一旦確定「我負責打掃廁所」，當然會將廁所的整潔當成自己的事情，卻也會覺得「廚房」不是自己負責的範圍，所以乾不乾淨，與自己無關。

就分工合作的角度來看，這類想法非常合理，但是長此以往，這種「涇渭分明的責任制度」一定會發生問題。

只要住在同一間房子，就一定會不知道該由誰打掃的「髒亂」，此時若一味地躲在自己的責任範圍之中，恐怕只會惹得彼此不悅。

組織行動論的研究指出，組織要能永續發展，就少不了**角色外行為**（Extra role behavior）[18]。

不管職責分配得多麼細膩，職責之間一定會出現不知道該由誰負責的「灰色地帶」。

18　角色外行動的定義為「自動執行職務之外的創新行為」。鈴木龍太、服部泰宏（二〇一九）《組織行動：探索組織之中的人類行為》（組織行動：組織の中の人間行動を探る）有斐閣。

成員若能踏出自己的「責任區域」，完成「灰色地帶」的工作，才能讓組織變得更強。

正因為組織有「明確的職責分配」，整個集團才會穩定，但是太過堅持「職責的分配」，反而會讓組織停止成長。由此可知，「職責」也是讓組織產生情緒矛盾的原因之一。

被夾在上司與下屬之間，動彈不得的中階管理職

在解讀造成情緒矛盾的機制時，當然不能忽略在組織之中，下達命令或做出決策的「權限」。

權限的型態會隨著組織的型態與經營方針而不同，早期的話，大部分的企業都是由上而下的組織形態。

在市場不斷成長的高度經濟成長時期，只要先找出「有利基的市場」，之後再不斷地改良曾經大賣的商品，以及大量生產這類商品，幾乎就是百試百靈的勝利公式。

筆者將這種舊時代的組織型態稱為**工廠型**，意思是這種組織就像是依照設計圖生產產品的「工廠」。

不過，在這個VUCA的時代裡，讓第一線員工依照經營高層提出的「設計圖」工作，反而會增加風險，所以許多企業都改成**工作坊型**的模式，也就是一半由上而下，一半由下而上的組織型態。

工作坊型組織的經營高層必須具有更長遠的眼光，以及描繪組織存在意義、探索組織存在意義的能力，不能只是固守社訓或是高喊口號，必須徹底思考自家公司對這個社會有何意義，擬定長期策略，以及將這個長期策略化為「願景」，分享給第一線的員工。

第一線的團隊一邊被經營願景所感動，一邊主動思考短期之內該做的事情。

第一線的團隊除了要努力改善既存事業的體質，還不能只是聽命行事，團隊成員必須一邊彼此交流，一邊主動找出該解決的「問題」，同時還要實現願景，快速改造組織與改善事業體質，為顧客創造價值。有時候第一線的員工反而能想到一些經營高層從未想過的點子，幫助公司開創新事業。

圖表 19　「工廠型」的組織型態

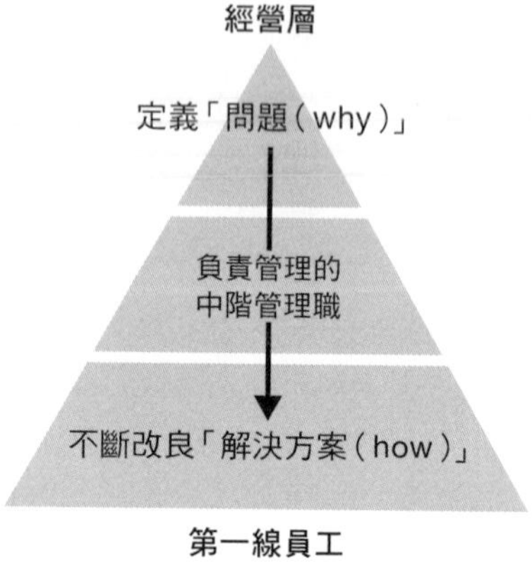

出處：安齋勇樹《高效團隊都在用的奇蹟式提問》

中階管理職不能只懂得管理第一線團隊，還必須成為引導者（facilitator），讓團隊成員得到安全感，讓每個人有機會綻放個人魅力與潛能，自動自發完成工作。

工廠型組織的所有權限都握在經營層手中，而工作坊型組織的經營層只擁有規畫中長期願景的權限，第一線員工則握有短期事業與組織改造的權限，也就是「一半由上往下，一半由下往上」的組織型態。

工作坊型的組織型態若真的成形將無往不利，但是管理的難度也更高，也更要求工作效率。

尤其夾在經營層與第一線的中階管理

圖表 20　「工作坊型」的組織型態

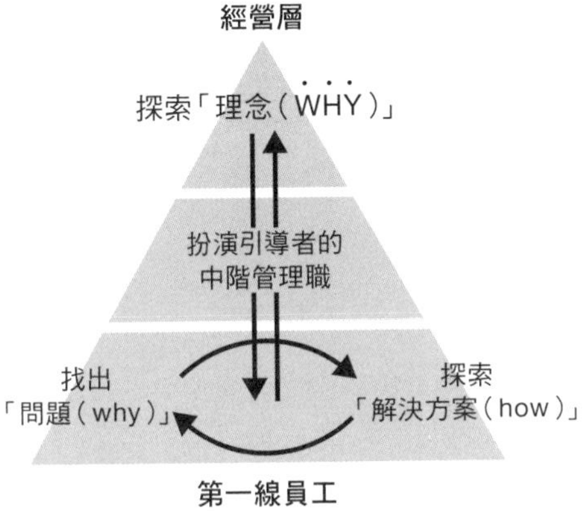

出處：安齋勇樹《高效團隊都在用的奇蹟式提問》

職必須將公司的願景告訴第一線員工，也必須讓經營高層知道第一線員工做了哪些短期的改善與努力，所以中階管理職一定得扮演「夾心餅乾」的角色。

要長期維持上下溝通的管道暢通，不產生任何矛盾，是件非常困難的事情。愈是以中階管理職為己任的管理者，愈容易陷入各種情緒矛盾。

長期壓抑的領導者所製造的雙重束縛訊息

除了中階管理職之外，高層的經營者當然也會為了難度增高的管理而煩惱，因為許多企業明明還無法擺脫舊時代的「工廠型」經營模式，卻又得為了因應外部環境的壓力而轉型為「工作坊」經營模式。

話說回來，長年沉溺於工廠型經營模式的經營者也捨不得放棄徹底由上而下的經營模式。縱使他們知道自己該將眼光放得更長遠一點，也知道要讓第一線員工成為主角與發揮創造力，但是他們就是擺脫不了由上而下的經營模式，總是不自覺地給予過於具體的指令或是回饋，其實經營者也常有這類糾結。

就某種意義而言，站在組織高層，必須承擔責任的經營者當然會有這類糾結與煩惱，但問題在於握有權限的經營者若是鑽牛角尖，就會發生「其他的問題」。

若問是什麼問題，答案就是當經營者無法面對心中的糾結，扼殺發自內心的需求，就無法滿足自己，那股潛藏在內心深處的「自卑」就會開始作祟，管理方式也會開始走偏。

比方說，擺脫不了由上而下管理方式的經營者常有「彌賽亞情結」[19]。

這類經營者總是比任何人更早一步發現事業與組織的問題，而且會故意大聲地點出這些問題，一邊接受第一線員工的讚美與感謝，卻又一邊自己動手解決這些問題。

假設過去都是透過這樣的流程滿足身為經營者的自尊心，一旦突然得切換成「工作坊型」經營模式，當然會沒來由地排斥這種經營模式。

儘管這類經營者隱約地察覺到自己內心的糾葛，卻會選擇壓抑這種情緒，在大家面前扮演「理想的經營者」，假設還在大家面前宣示「想打造沒有自己也能順利運轉的第一線」或是「想要盡可能地下放權限」，管理方式就會愈來愈「扭曲」。

比方說，表面上說要「下放權限」，只要部屬有點缺失或是不足，那股想要成為救世主的衝動就會發作，瞬間立刻挑出部屬的問題，然後一邊說「還真是拿你沒辦法啊」，一邊一臉開心地攬下所有工作，然後一如既往地，在部屬面前俐落地解決問題。

明明嘴巴說「都交給你囉，一切看你的囉」，卻又故意營造沒有自己不行的局面，好讓自己成為救世主，宣示自己的價值。簡單來說，就是創造「一切都因為自己才這麼順利」的狀況，然後以貶低部屬的方式，換取滿足自尊心的機會。

容我重申一次，自卑絕非壞事，問題在於經營者明明知道自己渴望成為「第一線

19 成為某個人的救世主，滿足自尊心的狀態；又稱為救世主情結。

的救世主」，卻釋放出猶如違心之論的管理訊息。

如果經營者能察覺這種矛盾，懂得面對這種糾結，應該就會找到適合工作坊組織型態的方法，也會知道還有其他的方法能讓他成為救世主。可惜的是，當這種經營者一邊說「一切就交給你囉」，一邊又覺得「沒有自己不行」時，管理方式就會愈走愈偏。

英國人類學家葛雷格里·貝特森（Gregory Bateson）將這種同時接收表面的訊息以及互相牴觸的訊息的情況稱為**雙重束縛**[20]。

根據葛雷格里的說法，長期處在雙重束縛困境下的人會出現思覺失調症，遭受精神方面的打擊。

儘管前述的例子有些極端，但是無法擺脫這類矛盾的經營者的確會以扭曲的方式管理部屬，導致部屬陷入充滿矛盾的狀態。這種情況可說是源自「精神構造」與「組織構造」的併發症，也是導致情緒矛盾出現的一大要因，而且還很難解決。

源自組織構造的情緒矛盾
——例：「想維持關係」卻想「讓集團更加活躍」

例：「想為組織創造利潤」卻不希望「輸給其他部門」

例：「想實現願景」也想「先解決第一線眼前的問題」

例：「想下放權限，將工作交給部屬」卻又不想「少了自己而一切順利」

---

20 葛雷格里・貝特森（二〇〇〇）《精神的生態學》（*Steps to an Ecology of Mind*）

3.3 社會構造：讓人騎虎難下，破不了關的社會

源自政經體制，競爭與協調的矛盾

社會構造除了對前一節的組織構造造成影響，當然也會對第二章說明的精神構造、動機構造與所有元素造成影響。

所謂的社會構造包含政治與經濟的系統、法律與文化層面的規範、產業構造以及各種事物。

筆者不是政治學、經濟學與社會學的專家，所以不打算針對這些層面進行討論，

圖表21　社會構造：制度本身就是造成矛盾的因素

「世界」的構造

組織構造	社會構造

只打算從中「擷取」一些可能是造成情緒矛盾的因素再加以介紹。

那麼最該優先討論的矛盾因素就是日本同時施行「資本主義」與「民主主義」這點。

資本主義是指鼓勵個人或企業進行自由經濟活動，而不是由國家掌控經濟的經濟系統。擁有生產方式的「資本家」從「勞工」購買勞動力，生產具有附加價值的商品，再透過商品獲利是資本主義的特徵之一。

民主主義是指人民擁有主權，能自行行使主權的政治系統，也是每個人擁有平等的權利，權力不會於特定人士集中的自由制度。

乍看之下，這兩種主義都是重視「自由」的社會系統，如果兩者能夠正常運作，應該就能互相保持平衡才對。

不過，只要分別觀察兩者，就不難發現這兩種主義催生了「競爭」與「共存」這兩種背道而馳的情緒。

資本主義鼓吹「競爭」，允許贏者全拿的情況發生

簡單來說，資本主義總是從旁鼓吹我們展開「競爭」。

在資本主義社會之中，愈能創造附加價值的勞工，愈能得到更多的薪水。

假設對目前的薪水感到不滿，可試著考證照或是學習專業知識，也可以試著調到不同的部門或是跳槽到其他的公司，累積不同的工作經驗，努力讓自己成為具有高附加創值的人才。

正所謂「物以稀為貴」，與其跟別人走一樣的路，擁有類似的知識或技能，學習與眾不同的技術才更有勝算。

是要讓自己在大部分的人只能做到「七十分」的領域做到「九十分」，還是要在其他人尚未察覺的處女地另闢一處新天地？這類生存之道雖多，但只有努力擺脫其他人，成為「少數的贏家」，才是在資本主義這個遊戲倖存到最後的祕訣。

資本主義社會總是不斷地將學歷、成績或是年收入量化為遊戲的分數，不斷地灌輸我們「不可以輸給其他人」的思想，當我們真的因此展開競爭，就能帶動國家的經

濟成長。

此外，每個人都能透過不多的資本創業，選擇從勞工轉型為資本家。儘管風險與責任會因此大增，但只要找到獨一無二的商業模式，每個人都有可能因此一攫千金。

資本主義的精髓在於「錢滾錢」這套追逐利潤的機制。只要先賺到第一桶金，之後就能用於擴大事業的規模，這就是「富者恆富」的道理。

因此，於資本主義社會生存的我們，或多或少都希望自己「能夠贏過別人，賺更多錢」或是希望自己能夠「脫穎而出」。

民主主義期待「協調」，尊重多數的共識

反觀民主主義則希望我們彼此「協調」。

在民主主義之中，「與眾不同的意見」沒有任何意義可言。就算是在資本主義大獲全勝，繳納大筆稅金的前百分之一富裕階級，手中的選票依舊與他人等值。

就算是景氣不佳的狀況，只要超過半數的國民對現狀不滿，就能推翻現有的政

圖表22 於「競爭」與「協調」之間搖擺不定的情緒矛盾

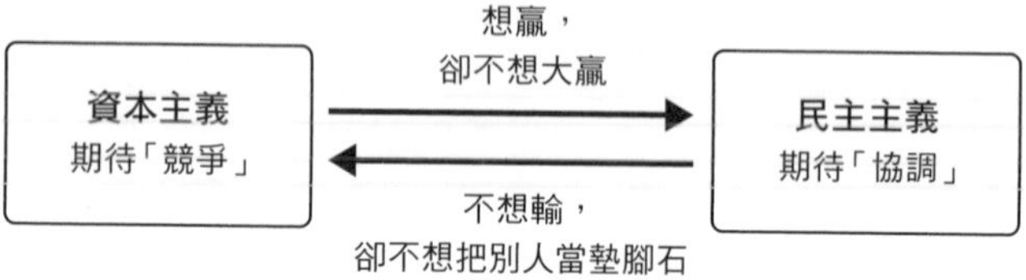

權，而這就是所謂的民主主義。

民主主義的功能之一就是分配某種資本主義的贏家所得的利益，讓所有人雨露均沾。

民主主義就是透過這種方式抑壓「贏者全拿」這種過於貪心的欲望，讓不同立場與境遇的人願意一起打造國家的制度。換句話說，民主主義的邏輯在於照顧輸掉競爭的輸家，讓輸家與贏家得以並肩同行。

強調贏者全拿的資本主義將重點放在競爭，民主主義則期待每個人彼此協調。當我們活在這兩種主義並存的社會之中，我們就被迫在「想贏過他人」以及「與他人協調共存」的情緒之中搖擺不定。

這種結構會讓我們在不同的場面出現「想贏，卻不想大贏」與「不想輸，卻不想把別人當墊腳石」這類情緒矛盾。

騎虎難下、走火入魔的資本主義

假設資本主義與民主主義能各自健全地運作，的確是能維持社會均態的優異制度，但是到了現代之後，資本主義與民主主義出現了不同面向的「扭曲」。尤其許多專家已對資本主義走火入魔的現狀敲響警鐘。

第一個顯而易見的扭曲就是當地球的資源有限，透過資本無性生殖的方式，持續追求「永無止盡的經濟成長」的資本主義就不可能繼續走下去。

從根本來看，先進國家的富庶生活來自發展中國家的「犧牲」。這不只是壓搾勞動力的問題，也與自然環境的資源有關，目前已是只憑經濟層面的「分配」，無法解決問題的情況。

哲學家與經濟思想家齋藤在其著作《人類世的「資本論」》提到，在氣候變遷的危機步步進逼之中，人類該做的不是繼續追求經濟成長，而是該以「去成長」的概念重新檢視資本主義，也因此得到各界的關注。

不過，這項提案的概念雖然令人驚豔，但還沒發展成藥到病除的處方箋。因為真要對這個概念產生共鳴，率先高舉「去成長」的大旗，在現今的資本主義社會之中，意味著舉「白旗」投降，瞬間就會被其他的競爭公司打垮，在這場追求經濟成長的遊戲落敗。

雖然每個人都隱約覺得「這場遊戲將無以為繼」，但是沒有人想被別人超越，所以沒辦法跳出這場遊戲。

不想輸，但也不想贏，戰鬥力渙散的社會

第二個「扭曲」的地方就是已無力挽回的「階級落差」問題。

資本主義之所以能讓我們一直保有健全的競爭心態，在於資本主義提出「只要努力，或許就有機會獲勝」的保障。

不過，在網路技術如此發展，社群媒體這類平台已全面普及的現代，資本主義社會成為一部分大型企業的專擅之地，不可逆的不平等也不斷地惡化為社會問題。

一如法國社會科學高等學院教授湯瑪斯皮凱提（Thomas Piketty）在其名著《二十一

世紀資本論》提到，資本家的「獲利率」已超過社會的「經濟成長率」，全世界的財富集中在少數的富裕階層手上[21]。在這場競爭落後的日本自泡沫經濟瓦解的一九九〇年代之後，就長期陷入全世界罕見的經濟低迷困境。

一如這段期間被形容為「失落的三十年」，日本在全世界的經濟競賽之中大幅落後，所以不管再怎麼努力，「薪水也不會增加」。

尤其當社群媒體普及之後，原本隱而不現的「貧富差距」也浮上檯面。如此一來，資本主義的前提，也就是所謂的「競爭」也不再具有意義。

由於目前還是資本主義的社會，所以每個人還是「不想成為輸家」，但是卻看不見半點「獲勝的可能」，所以會出現「不想與別人一較高下」、「也不想努力」這類看似任性的情緒矛盾也是理所當然的事。

暢銷作家橘玲曾在所著的《破不了關的社會》[22]指出，要在這個金碧輝煌的世界

21 湯瑪斯・皮凱提（二〇一四）《二十一世紀資本論》繁體中文版由衛城出版。

22 暫譯，原書名『無理ゲー社会』，橘玲（二〇二一）小學館。

之中，靠著一己之力「在社會層面、經濟層面獲得成功，獲得他人的讚美與性愛」，是件多麼困難的事情（破不了關的遊戲）。「對有才能的人來說，這世界是烏托邦，對其他人來說，是反烏托邦」封面這句辛辣的文案也讓人不容忽視。

若是走到書店的商業叢書專區，不難發現那些提倡「只要努力就能成長」的書籍漸漸銷聲匿跡，肯定「不需太努力」這件事的書籍已成為暢銷書籍，由此可見，讓這個社會產生共鳴的訊息已經改變。

最近也會聽到「父母扭蛋」、「基因扭蛋」這類說法[23]。意思是，身處的環境與擁有的才能全與運氣有關，自己再怎麼努力也無法改變。這類說法不禁讓人感受到現代那股戰鬥力淪喪的氛圍。

以知名度至上的社會讓「網路撻伐」成為常態

在撰寫本書的二〇二二年之際，新創企業將這個時代稱為「寒冬時代」，要從投資家手中獲得資金，變成一件非常困難的事，所以起心動念創業的創業家也似乎愈來愈少。

不過，社群媒體時代同樣是沒有創業靈感，個人也能憑「知名度」撈錢的時代。看來最後的一道曙光就是在社群媒體「引人注目」。

在這個時代裡，需要的不是創業，以及一步步讓事業壯大的策略，而是需要「絕地逆轉」，創立屬於自己的YouTube頻道，或是想辦法登上戀愛實境秀或業餘格鬥大賽的舞台，抑或透過貶抑他人的仇恨言論吸引注意力，透過這些走在鋼索上的方式「吸引別人的眼光」，獲得知名度的策略，才能得到支持。

如果運用得當，這類策略的確能讓人變得有名，但如果弄巧成拙，很有可能身敗名裂，遭受眾人「撻伐」。雖然「負面新聞比沒新聞」來得好，但有些時候那些惡意的誹謗與中傷，會讓人身心不適，甚至發生難以挽回的憾事。

或許有些人覺得，只有極少部分的「名人」才會遇到這類事情，但其實並非如此。前幾天，我剛好有機會針對日本全國一百位大學生實施「情緒矛盾」體驗營。當

23　以扭蛋這種玩具比喻運氣決定一切的俗語，類似「幸運精子」的意思。

我請這些學生列出平日有感的情緒矛盾之後，有一定數量的大學生提到「希望社群媒體的追蹤者變多，但不想被撻伐」的情緒矛盾，這也讓我大吃一驚。

儘管他們沒有真的被人撻找或是遭受誹謗的經驗，卻還是被社會氛圍所影響，在「想受到關注」但「不想成為眾矢之的」的情緒之間搖擺，這也是現代令人值得玩味的現象之一。

開始有人認為，社群媒體的普及讓偏激的仇恨言論如星星之火般燎原與帶風向，本該聽取多數派意見的民主主義也因此崩壞[24]。

不論如何，就算資本主義與民主主義都正常運作，現況就是沒有能夠破關的「祕技」，就無法打破這層封閉的氛圍。

在這種情況下，除了資本主義鼓吹的「競爭」與民主主義提倡的「協調」會產生矛盾，各種情緒矛盾也會悄悄出現。

社會統治與監控的矛盾

到目前為止，我們探討了尊重社會的「自由」的資本主義與民主主義造成的影響。接下來要稍微調整角度，從控制社會的方面，也就是社會的「統治」探討。

所謂的統治就是透過法律與行政制度維持社會的治安，讓市民得以安居樂業，遵守秩序的行為。

統治社會的方法非常多，其中之一的關鍵字就是「監控」，這個關鍵字也會從不同的層面影響我們的情緒矛盾[25]。

所謂「監控」原本是軍事用語，指的是透過各種手段收集敵情，「監視」敵人。聽起來有點可怕，但其實我們的生活少不了監控。

24 成田悠輔（二〇二二）《22世紀的民主主義：選舉變成演算法，政治家變成貓》SB Creative 出版。

25 宮台真司、野田智義（二〇二二）《為了經營者量身打造的社會系統論：結構問題與我們的未來》光文社。

比方說，警官在各地巡邏，或是在每個角落設置防盜監視器，各地的社群互相監視，這都是透過每個人的「耳目」預防各種犯罪與糾紛的方法。

從保護自己與家人的人身安全，以及維持治安的角度來看，愈是認真生活的人，愈會覺得「需要一定程度的監控」，有了監控，我們才能安心舒適地生活。

不過，就算有了監控，還是無法杜絕扒手、強盜、誘拐、肇事逃逸、性騷擾這類犯罪案件。由於巡邏與防盜監視器有其死角，所以就是會有人躲在死角做壞事。

所以讓監視網遍及每個角落，將監控層級拉到毫無死角的地步，就能打造完全安心、完全的社會了嗎？

其實監控也有缺點，那就是侵害個人隱私的問題。

比方說，中國就被譽為全世界監控程度最高的社會。

據統計，中國的防盜監視器數量為全世界第一，影像辨識技術也十分發達，可根據每個人的五官以及走路姿勢找到任何人。

此外，中國還採用了「社會信用系統」作為統治社會的手段。

所謂的社會信用系統是指根據個人的社會地位、學歷、職涯、支付履歷、能力、資產、過去的交易與消費履歷，量化個人信用的系統。

信用分數愈高，貸款的利率就愈優惠，或是在租房子的時候，可以免除保證金。如果信用分數太低，連免費租用雨傘的服務都無法使用。

此外，市民的一舉一動都遭到防盜監視器監控，所以若是不小心闖紅燈，信用分數就會下降。這可說是以統治為最優先的任務，徹底進行管理的社會。

雖然社會信用系統毀譽參半，但大部分的反對意見都是「過度的監控讓人覺得很可怕」、「很不舒服」這類來自情緒的反彈。

就算沒做什麼虧心事，沒有人喜歡手機被別人窺探，也不喜歡出門的時候，房間被陌生人闖入對吧？這意味著每個人都需要不受他人干涉與侵害的「私人領域」，也就是所謂的「個人隱私」。

雖然一定程度的監控能讓每個人安心，但是過度的監控會讓人覺得不舒服，也會想要保護個人隱私，這也讓人隱約感覺到所謂的情緒矛盾。

與「個人隱私」有關的安心與刺激的矛盾

與個人隱私有關的矛盾比想像中的複雜一點。

明明被別人偷看手機會覺得「不舒服」與生氣，但是手機之中的個人資訊卻常常「白白送給」管理企業。

現代科技企業提供的網頁服務或是應用程式，通常都需要使用者提供個人資訊，藉此記錄使用者在平台的一舉一動，讓服務更實用，或是配合使用者的興趣顯示適當的廣告，藉此獲利。

如果範圍只限於智慧型手機，或許還無所謂，但是由 IoT 與 AI 技術建構的「智慧家庭」已開始普及，家裡的電視、空調、照明以及各種裝置也都全部連上網路，每天都在收集居住者的行動資料，「學習」居住者的行動。

就像我們閒著沒事瀏覽 Amazon 或是 Instagram 的時候，會顯示我們可能想要的商品的廣告，當智慧家庭的技術愈來愈進步，有可能在我們覺得「冷」之前，空調就先啟動，或是在我們「想看」某個電視節目之前，電視就自動播放精彩的節目，這類生活或許已經迫在眼前。

哈佛商業學院名譽教授肖莎娜・祖博夫（Shoshana Zuboff）將這種大型ＩＴ企業監控與操弄我們各種行為的狀況稱為**監控資本主義**，也對此提出警告[26]。

「個人隱私」本來的意思是「不被他人干涉的祕密」，但這種概念得先有「有一些只有自己才知道的事情」或是「自己最了解自己」的前提才成立。

然而在「監控資本主義」社會之中，Google 完全知道我們在 YouTube 看了哪些影片，所以每天都會播放許多商品廣告，滿足那些連我們自己都未曾察覺的「需求」。目前正是大型ＩＴ企業掌握了「連我們自己都不知道的自己」的狀況。

就算是為了維持安心、安全的生活，我們還是不希望一舉一動都被防盜監視器拍下來，因為這樣讓人很不舒服，我們也拒絕這樣的事情發生。

但是，我們卻很願意將「自己都不了解的自己」獻給其他國家的民營企業，享受

26 肖莎娜・祖博夫（二〇二一）《監控資本主義時代》（*The Age of Surveillance Capitalism: The Fight for a Human Future at the New Frontier of Power*）。

刺激舒適的生活。

人類總是希望盡可能降低風險，渴望安心的生活，但有時候卻又是膽大冒進，追求刺激與快樂的生物。

降低風險可以得到安心的生活，但是為了追求刺激又不討厭風險。從這個個人隱私的問題或許能夠一窺人類這矛盾的一面。

犯罪居然是統治社會不可或缺的一部分？

話說回來，說不定企圖以單一的方式「統治」由各種市民組成的「社會」，本身就是一種充滿矛盾的想法。

只要打算以某種規範或制度管理社會，就一定會出現跳脫社會框架的「逾矩者」。

比方說，就算能夠解決前述的「監控」所造成的矛盾，就算能在社會佈滿監視網，一定還是會出現違反法律的「罪犯」。

到底該怎麼做，才能讓「罪犯」完全消失呢？

話說回來，「罪犯」完全消失，對社會真的是好事嗎？其實這些問題在社會學的領域裡，一直是歷久彌新的話題。撰寫本書時，我參考了不少書籍，其中一本就是由社會學者森下伸也所寫的《升級版　矛盾的社會學》[27]。

這本書從不同的角度，探討法國社會學者涂爾幹（Émile Durkheim）提出的「犯罪是社會不可或缺的元素」這個奇妙的結論。

我們都知道犯罪是不容寬恕的行為，但是就艾彌爾涂爾幹的結論而言，犯罪也有「殺雞儆猴」的效果，能讓其他大多數的人不敢犯法，因此定期處罰罪犯，反而能維持社會治安。

而且艾彌爾涂爾幹也指出，處罰罪犯像是某種「公開處刑」，也像是某種「表演」，能讓人的心情「由陰轉晴」。

27　森下伸也、君塚大學、宮本孝二（一九九八）《パワーアップ版　パラドックスの社会学》新曜社。

讓人擺脫現實的「正能量」

雖然有點離題，不過「由陰轉晴」這個關鍵字在思考人類本質或是社會統治的時候，佔有相當重要的地位。

其實這種「由陰轉晴」的心情，也是十七世紀法國知名哲學家巴斯卡於代表作《巴斯卡思想錄》(*Pensee*) 提倡的概念。

若是提到巴斯卡，大部分的人都會想到「人是會思想的蘆葦」這句同樣出自《巴斯卡思想錄》的名言。這句名言的意思是，雖然人終有一死，生命也如水邊的蘆葦般「脆弱」，卻因為「能夠思考」而偉大。

脆弱的人類敢面對「死亡」這點的確偉大，但有時還是無法抵擋死亡帶來的恐懼，想要逃避這個事實。這就是人類「轉換心情」的行為，也是一種不想「思考」死亡為何物的逃避。

巴斯卡雖然否定這種「轉換心情」的行為，但是就社會學的角度而言，現代社會就像是「破不了關」的遊戲，而身為遊戲主角的我們，偶爾還是需要透過這類行為安撫情緒。

前述的《升級版　矛盾的社會學》也提到，我們總是希望維持「習以為常的日常」，卻又「奮不顧身地想擁有非比尋常的體驗」。因此，就算沒有迫切的需求，我們還是會想換換工作，搬到新地方，或是出門旅行，換上新衣服或是髮型，這些「轉換心情的情緒」能幫助我們抽離一成不變的生活，以及為身心充電。

柏青哥這類賭博電玩、菸酒這類有害健康的嗜好之所以見容於日本社會，在於這些都是讓大眾快速「轉換心情」的方法。

讓我們拉回正題吧。定期公開哪些人犯了法，以及「懲罰罪犯」能讓守法的人暫時逃離「枯燥乏味的日常」，以及強化團體的向心力，如此說來，這還真是讓人覺得無比矛盾啊。

在現存的框架發動「革命」與脫軌行為

在看過上述這類「犯罪」的例子之後，可以發現設定「規範」，再根據這些規範處罰「脫軌者」的系統會製造各種矛盾。

最大的矛盾就是讓這套社會系統發生翻天覆地的「變革」往往源自跳脫舊框架。常言道「創新往往源自邊緣，而非來自核心」，如果所有社會成員只懂得遵守規範，不願跳出既有的框架，這社會將不再有任何「新事物」，就長期而言，這樣的社會將不斷衰退。

有趣的是，**越軌創造**（Creative deviance）這項管理學的概念在近年得到不少注意。所謂「越軌創造」是指「背離組織領導者的指示，以不當的方式追求創意」的行為，簡單來說，就是「在上司沒察覺的前提下，偷偷地實現創意」的行為。

在發明或是研發領域之中，這種情況稱為「暗黑研究」或是「地下研究」，成功實例也時有所聞。

比方說，因為發明「高亮度藍色發光二極體」而得到諾貝爾物理學獎的中村修二就是在上司命令「停止研究」之後，拒絕出席會議，也不接電話，才得以發明高亮度藍色發光二極體。

儘管越軌創造的研究還不成熟，但的確有不少先行研究指出，躲開規範的「監控」，私底下進行的專案的確有可能帶來創新[28]。

不過，一旦經營者或是管理人員刻意操作「越軌創造」，那麼越軌創造就會立刻變成官方的「規範」，失去「越軌」的本質。

一旦高層的人說「打破常規也沒關係」，越軌創造就不再神祕與美麗。越是不準越軌，愈是想要打破常規，而這也是充斥於規範與越軌之間的矛盾。

由此可知，「正確的規範（規矩）」的目的不在於消滅脫軌者，而是要一邊維持治安，讓脫軌者維持在一定的數量之下，一邊要引誘大眾脫軌。

28　高田直樹（二〇二二）「6 越軌與革新」、組織學會篇《組織論評論Ⅲ：組織之中的個人與集團》（組織論レビューⅢ：組織の中の個人と集団）白桃書房。

猶如「一起風，賣桶子的人就會大賺」的因果關係

本章最後要說明複雜的「因果」循環，帶領大家剖析這複雜的社會。

日文有句「一起風，賣桶子的就會大賺」的諺語，指的是，一旦起風，患有眼疾，眼睛看不清楚的患者就會增加。眼睛看不清楚的人會以彈奏三味線維生，所以三味線的需求會增加。要製作三味線就需要貓皮，所以貓會減少，老鼠也跟著增加。老鼠會啃壞桶子，所以桶子的需求會增加，賣桶子的人就會大賺，簡單來說，就是所謂的「蝴蝶效應」，某種現象有可能在幾經輾轉之後，誘發某個意外的結果。

雖然這個例子有些極端，不過在結構複雜的社會之中，強行介入某些事情，往往會觸發意想不到的結果。

前述的《矛盾的社會學》便根據美國社會學者羅伯特・金默頓（Robert King Merton）提倡的概念「機能」[29]，解釋「這世上的因果為何如此難以預測」。

比方說，《矛盾的社會學》作者森下便以「讓汽車在普及」這件事討論了「機動化」的優缺點。

「機動化」的目標在於讓運輸與移動變得更快、更大量，藉此促成產業發展。汽車普及後，這項目標也的確徹底實現了。這就是「機動化」最初設定的「機能」。

然而我們的社會也因此付出極為慘重的代價，比方說，出現了各種交通意外以及空氣汙染這類公害，不過這些都還是「可預測的犧牲」。

其實「機動化」還造成難以預測的影響。比方說，機動化讓我們變得過度追求效率，什麼事情都急著完成，只要稍微塞車，立刻變成「殺氣騰騰的駕駛」。

不過，機動化並非百害而無一利。比方說，機動化讓造橋鋪路這類建設事業、石油相關事業、汽車駕訓班這類相關產業蓬勃發展，也創造了大量的就業機會。

再者，每個人都能「開車兜風」，暫時擺脫繁瑣的人際關係，享受一個人獨處的時間與空間，若從社會統治的觀點來看，這些都是「意料之外的好處」，簡單來說，機動化潛藏著難以預測的「機能」。

29　與行為人的主觀無關，卻因為該行為而產生的客觀結果。

社會的結構非常複雜，各種利害關係人組成了複雜的人際網路。自以為「是為了對方好」的介入，有時會造成意想不到的「傷害」，有時卻會帶來難以想像的「好處」。如此複雜的因果關係也是造成情緒矛盾的原因之一。

源自社會結構的情緒矛盾

例：「不想輸給別人」，也不想「踏著別人的頭往上爬」
例：「不想離開遊戲」，也不想「成為遊戲的輸家」
例：「希望減少風險」，卻又「為了追求刺激而主動接近風險」
例：「想要守規矩」，也想「擺脫規範」

第四章

矛盾的基本模式

4.1 模式【坦率⇄愛唱反調】

4.2 模式【變化⇄穩定】

4.3 模式【以大局為重⇄短視近利】

4.4 模式【想要更多⇄適可而止】

4.5 模式【自我本位⇄他人本位】

圖表23　情緒矛盾的基本模式

基本模式	情緒 A	情緒 B
坦率⇄愛唱反調	源自內心深處的欲望	與內心唱反調的欲望
變化⇄穩定	希望改變現狀的欲望	希望現狀穩定的欲望
以大局為重⇄短視近利	希望俯瞰全局的需求	快速獲利的欲望
想要更多⇄適可而止	希望得到更多的欲望	想要適可而止的欲望
自我本位⇄他人本位	希望以自己為主的欲望	站在他人立場的欲望

第三章之前，我們從「精神構造」、「動機構造」、「組織構造」與「社會構造」的觀點，探討了情緒矛盾形成的機制。

若以俯視的角度觀察這些構造，似乎會發現情緒矛盾有五種常在各種情況出現的「基本模式」。

雖然有很多不屬於這些基本模式的例外，但本章準備將常見的情緒矛盾整理成下列的模式，並依序說明這些模式。

情緒矛盾的基本模式

模式一【坦率↑↓愛唱反調】
模式二【變化↑↓穩定】
模式三【以大局為重↑↓短視近利】
模式四【想要更多↑↓適可而止】
模式五【自我本位↑↓他人本位】

4.1 模式一【坦率⇅愛唱反調】

鬧彆扭，不坦率
【坦率⇅愛唱反調】模式

基本模式【坦率⇅愛唱反調】是在「內心深處」的欲望以及與內心「唱反調」的欲望之間產生情緒矛盾的模式。

每個人遇到難以接受的現實之後，常常會不自覺地合理化那些違背本意的情緒或行動。比方說，自己欺騙自己的**自我欺瞞**就是其中一種，而【坦率⇅愛唱反調】這種基本模式的情緒矛盾便是源自自我欺瞞。

【坦率⇅愛唱反調】

——情緒Ａ：源自內心深處的欲望

——情緒Ｂ：與內心唱反調的欲望

之前在第二章「精神構造」曾介紹讓自己遠離自卑的「自我防衛機制」，而【坦率⇅愛唱反調】這種模式的情緒矛盾就是源自這種「自我防衛機制」。

我們會對別人產生好感、會對美好的事物產生憧憬，也會羨慕別人擁有的一切，但是當我們讓這些正面的情緒攤在陽光底下，或是讓這些情緒轉化為具體的行動，就有可能會害怕自己失敗與受傷，也有可能莫名出現違背本意的情緒。

最終導致自己做出一些旁人視為乖僻的行為，比方說，「故意忽略喜歡的人傳來的訊息」、「故意與尊敬的前輩唱反調」、「想要成為有錢人，卻討厭賺錢」這類行為就是其中之一。

大部分的人認為，這類刻意唱反彈的發言或行為只屬於精神年齡很年輕的人，或是「青春期的年輕人」，與在企業上班的上班族毫無關係才對。

圖表24　【坦率⇄愛唱反調】模式

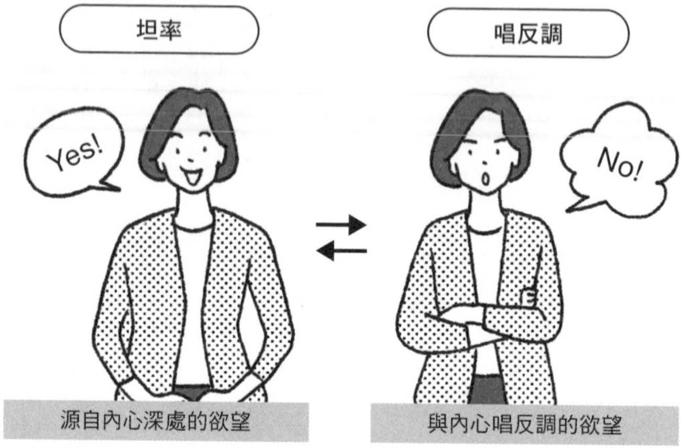

但其實不然。就算是精神應該很成熟的經營者或是主管，都有可能因為那些日復一日的競爭或是壓在肩上的重擔穿上無形的「鎧甲」，不知不覺地受到【坦率⇄愛唱反調】這種情緒矛盾的影響。

比方說，明明想要成為「更優秀的領導者」，也把「希望將工作交給第一線的人員」、「希望下放權限」這些話掛在嘴邊，內心卻因為無法接受現實而莫名地做出「無理的要求」，或是一發現部屬有任何做不好的地方，就搶走部屬的工作。一如第三章所述，這就是源自自卑的【坦率⇄愛唱反調】的情緒矛盾，經營者與主管很常出現這類情緒矛盾。

除了上述的自卑之外，與年齡無關的「嫉妒」也會誘發【坦率⇅愛唱反調】這種情緒矛盾。最常見的就是，看到自己照顧有加的「後輩」快速成長，甚至變得比自己更厲害之後，就再也沒辦法打從心底為他加油，甚至反過來刁難他的例子。

在這個被譽為ＶＵＣＡ的時代，光是要應付外部的「未知」就已經耗盡心力，所以也無力再面對「源自內心深處的欲望」。

明明真正想要的是「想更努力磨練自己的專業技能」，卻又過度害怕自己在殘酷的資本主義社會之中「落敗」，以致於不自覺地避開「必須拿出真本事」的場合，甚至出現「太努力的話很丟臉」這種無以名狀的情緒。

當我們隸屬於架構複雜的組織，以及在這個「破不了關」的社會闖蕩時，本來就不太了解自己想做什麼，或是自己想要什麼，所以更容易陷入自我欺瞞的狀況。

【坦率⇅愛唱反調】的情緒矛盾

一例：「想成為那樣的人，卻又排斥那樣的人」

例：「想與對方打好關係，卻又不想太接近對方」
例：「喜歡對方，卻又厭惡對方」
例：「想為後輩加油，卻因為後輩太過出色而心生嫉妒」
例：「想下放權力，卻希望成功必須在己」

4.2 模式二【變化↑↓穩定】

想改變卻又不想改變【變化↑↓穩定】模式

【變化↑↓穩定】基本模式就是「希望改變現狀的欲望」與「希望現狀穩定的欲望」的情緒之間產生矛盾的模式。

【變化↑↓穩定】

—情緒A：希望改變現狀的欲望

圖表25 【變化←→穩定】模式

—情緒B：希望現狀穩定的欲望

【變化⇅穩定】這種情緒矛盾與前述的【坦率⇅唱反調】一樣常見，屬於「想要變化」與「想要穩定」的情緒矛盾，也就是「想改變，卻又不想改變」的狀況。

這個基本模式與精神、動機、組織、社會的構造都有關係，屬於避無可避的情緒矛盾。

一如第二章的「精神構造」所述，自卑這種特質會讓**想要改變自己**以及**想要維持整體**，這兩個背道而馳的行為同時存在。

此外，在說明「動機構造」之際提到

圖表13（再揭）　源自外在動機的「能力陷阱」

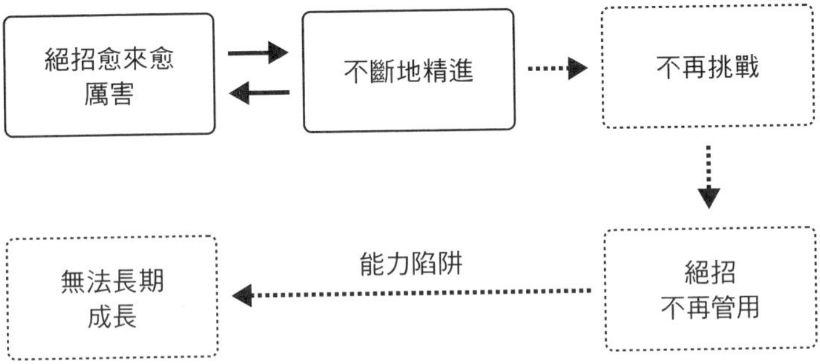

的「絕技陷阱」更會強化這種矛盾。所謂「絕技陷阱」就是沉溺於過去的成功經驗或專業，無法「大幅改變」自己，最終於競爭落敗的原理。

在這個前景愈來愈不確定的資本主義社會之中，好不容易學會的「絕招」何等珍貴，所以會希望「自己愈來愈穩定」，也會不斷地磨練「絕招」，藉此不斷地拓展職涯。

不過，每個人都不喜歡一直做相同的事情，有時也會因此變成「一招走天下」的人。如果是企業，有可能會被喜歡風險的新創企業後來居上。若不希望自己被時代淘汰，就必須持續挑戰，否則就無法存活下去。

如果想要累積個人的職涯，或是管理自己的事業，就必須面對【變化⇅穩定】這種矛盾。

此外，在介紹「組織構造」的時候也提過，不管是哪種「組織」，都不可能一直維持特定的構造，一如我們的細胞必須不斷地進行「新陳代謝」，否則就無法存活下去。不管是誰，一旦遇到最棒的組織，都會希望「一直維持現況」，但是組織必須「不斷改變」能維持現狀，而這也是【變化↑↓穩定】這種矛盾。

此外，我們也不能忽略在介紹「社會構造」之際提到的「規範」。法律、文化這類「規範」能維持社會治安與現況，但為了社會長遠的發展，也需要不守規範團的「逾矩者」存在。說來弔詭，之前也提過，本該用於維持「穩定」的規範其實是促進規矩崩壞與「變化」的原動力。

在透過規範統治的社會之中，【變化↑↓穩定】這種矛盾可說是不存在才奇怪的情緒矛盾，對於一邊打造組織，一邊在組織之中工作的我們來說，這也是避無可避的情緒矛盾。

前一節提到的「想打好關係，又不想太過親近」的情緒矛盾有時源自自卑這種情緒與【坦率↑↓唱反調】這類情況，有時則源自這種【變化↑↓穩定】這種矛盾。

比方說，才剛剛與交往很久的情人分手，卻立刻「想要遇到新戀愛」，又覺得「不想自找麻煩，想要享受單身生活」，這種情況可說是【變化↑↓穩定】這種矛盾的表徵。

從「束縛」得到的「自由」不會長久

「自由」是本書經常出現的關鍵字，其實與【變化↑↓穩定】這種矛盾很有關係。【變化↑↓穩定】這種矛盾的本質就是想從「目前的框架」跳出外部的能量，與想在「目前的框架」內部維持現況的能量產生衝突。

對我們來說，支撐現況的框架（法律、公司規範、職場的人際關係或是家人）或多或少都是一種束縛與壓力。

這些束縛只會滿足「我們想維持現狀的欲望」，卻會壓抑「我們想要改變現狀的欲望」。

在我們的本能之中，藏著想從「束縛得到解放」的欲望。

圖表26　【變化⇄穩定】會造成能量的衝突

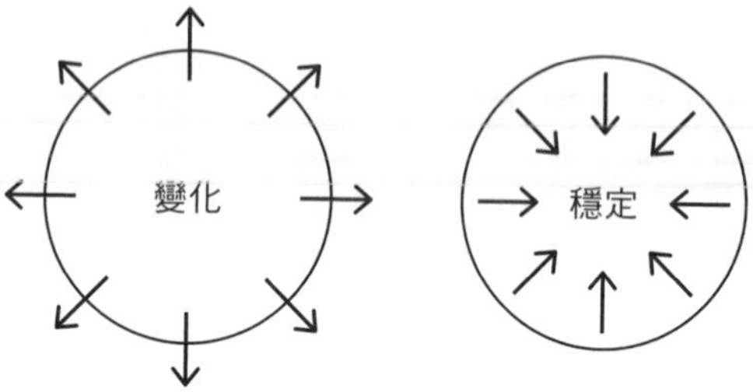

比方說，一直住在人際關係緊密與狹窄的「鄉下」，不管走到哪裡都能遇到熟面孔，但這種一成不變的人際關係與日常生活，也常讓人覺得「枯燥乏味」。

久而久之，通常會想「自由」地做一些想做的事，下定決心離開故鄉，選擇無拘無束的生活。這是「自我實現」的本質之一，也是讓我們聯想到「自由」這個字眼的感覺。

不過，當我們不斷地謳歌「自由」有多麼美好，就會缺少可以寄身依靠的「生命共同體」，有時還會因此想重溫人際關係的美好。一旦沒有任何牽掛，反而會變得寂寞。

我們之所以那麼重視「非日常」與「日常」也是基於相同的理由。我們無法只憑一成不變的例行公事活下去，如果不讓自己偶爾從束縛之中解放，不試著碰撞那些「不成文的規定」，也不騰出時間凝視真正的「自己」，總有一天會失去活力，但每天都是一連串的「非日常」也同樣會失去自我。

「想自由，也想要制約（束縛）」這種情緒矛盾常常讓我們感到困擾，而這種情緒矛盾可說是【變化↑↓穩定】這種基本模式的變化版。

【變化↑↓穩定】的情緒矛盾

例：「想改變卻又不想改變」

例：「想冒風險，享受刺激，卻又希望避開風險，享受安定」

例：「想嘗試新的事情，卻又想繼續做擅長的事情」

例：「想發展新的人際關係，卻又覺得很麻煩，只想維持現狀」

例：「想自由，也想要制約（束縛）」

4.3 模式三 【以大局為重↑↓短視近利】

無法同時聚焦在樹木與森林

【以大局為重↑↓短視近利】模式

【以大局為重↑↓短視近利】這種基本模式就是在「俯瞰全局的需求」與「短視近利的欲望」之間發生情緒矛盾的模式。

「大局」原本是圍棋用語，指的是將注意力放在「整個盤面」而非局部區域的意思，後來引申為綜覽事物的全貌，不讓焦點侷限於部分的觀點。

短視近利則恰恰相反，指的是將注意力放在細節，而非整體的觀點。

圖表27 【以大局為重⇄短視近利】模式

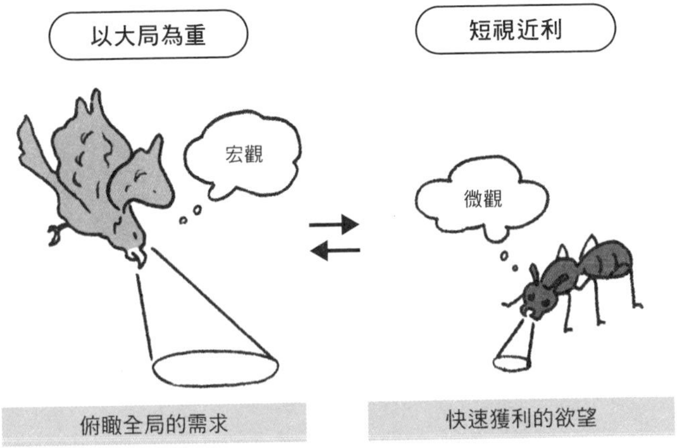

【以大局為重⇅短視近利】

情緒Ａ：俯瞰全局的需求

情緒Ｂ：快速獲利的欲望

以大局為重的觀點常被比喻成於空中遨翔的「鳥眼」，短視近利的觀點則常被比喻成貼近地面的「蟲眼」，偶爾也會聽到「見樹不見林」的說法，但通常是「將注意力全放在一棵棵的樹木，可就無法俯瞰整片森林了喔」的警告。我們無法同時使用「鳥眼」與「蟲眼」，所以無法「見樹又見林」。

對【以大局為重⇅短視近利】這種模式直接造成影響的是第二章介紹的「動機構造」。

前面已經提過，人類的動機（movitation）的基本原理就是「規避不愉快（負面的目標）的事物」，接近「愉快（正面的目標）的事物」。

一旦對於「不愉快的事物」與「愉快的事物」的「觀點」產生偏差，就會發生【以大局為重↑↓短視近利】這種情緒矛盾。

最常見的「觀點偏差」就是**長期與短期**的偏差。換言之，長期的「愉快／不愉快」與短期的「愉快／不愉快」不一致，無法採取正確行動的情況。比方說「不想喝太酒，害自己後悔，卻又想多喝一點酒」就是絕佳的例子。

或許大家會覺得「以大局為重↑↓短視近利」與「長期↑↓短期」的定義不那麼一致。嚴格來說，前者指的是觀察事物的焦距，後者則是時間的長度，但其實兩者相關，因為要想長期觀察事物的結果，就需要俯瞰全局的視野，如果一味地追求眼前的利益，往往無法將眼光放遠。在面對需求或欲望時，「長期與短期」的感覺若是產生誤差，就會造成【以大局為重↑↓短視近利】的矛盾。

另一個是**全體與局部**的誤差，或者可說是「總論與各論」的誤差。在解決問題時，針對局部進行處理的處方箋，往往不會是「最適合整體」的解決方案，「長期與短期」的誤差也常與這種情況一起出現。

比方說，當我們為了很嚴重的「腰痛」而苦惱時，通常會覺得只要吃「止痛藥」，就能暫時解決「不舒服」的感覺，可是「止痛藥」常常會傷害胃部的黏膜，讓胃部受損。久而久之，會讓支撐內臟的核心肌肉承受負擔，血液循環跟著變差，最終「腰痛」愈來愈嚴重。

這種追求速效，暫時躲避「不愉快」的做法常常會造成全面且長期的「不愉快」，這種情況在解決組織問題或是社會議題的時候尤其常見。

比方說，為了讓眼前的行銷策略立刻奏效而過度「降價」，雖然可在短時間內提升行銷部門的績效，但就長期而言，公司整體的利益有可能不斷下滑。

一如第三章「社會構造」所說明的「因果」的矛盾，社會與「人體」一樣複雜，所以那些自以為是為了對方著想的短期局部策略，往往會在經過一段時間之後，造成整體的負面影響。

魔鬼藏在細節中？小心「見林不見樹」的陷阱

我們通常認為俯瞰全局的觀點優於短視近利的觀點。

一如「見樹不見林」這句諺語所告訴我們的，如果懂得約束自己，不以眼前的「愉快／不愉快」判斷事物，也懂得先綜覽全局再做出決定，通常能順利地解決任何事情。

但弔詭的是，不是什麼事情都該以俯瞰的角度觀察，只將視野放在「整片森林」不見得都是好的。

以企業為例，管理職若只有俯瞰大局的「鳥眼」，恐怕會讓第一線的工作不斷出錯。

一旦以為組織或是事業朝著「美好的願景」發展就沒問題，就有可能無法察覺某些成員「心中藏著不滿」，一旦這些不滿爆發，團隊就有可能分崩離析。

如果小看「某位顧客的抱怨」，有時會因此掀起足以動搖事業基礎的濤天巨浪。

正所謂「魔鬼藏在細節裡」，若無法從微觀的角度觀察事物，無法透過「蟲眼」管理事業或是組織，工作絕對不可能順利。

在透過「鳥眼」觀察「整片森林」時，不要忘記以「蟲眼」觀察「樹木」的每片葉子。該怎麼做才能「見樹又見林」呢？這就是【以大局為重↑↓短視近利】這種情緒矛盾的本質。

【以大局為重↑↓短視近利】的情緒矛盾

例：「短期想這樣做，但長期想那樣做」

例：「就局部而言想這樣做，但就整體而言想那樣做」

例：「從部門的角度想這樣做，但從公司的角度想那樣做」

例：「想尊重整個團隊，也想尊重少數的個人」

4.4 模式四　【想要更多↑↓適可而止】

過猶不及

【想要更多↑↓適可而止】模式

【想要更多↑↓適可而止】模式是在「想要更多的欲望」與「想要適可而止的欲望」之間產生情緒矛盾的模式。

【想要更多↑↓適可而止】

──情緒Ａ：想要更多的欲望

圖表28　【想要更多⇄適可而止】模式

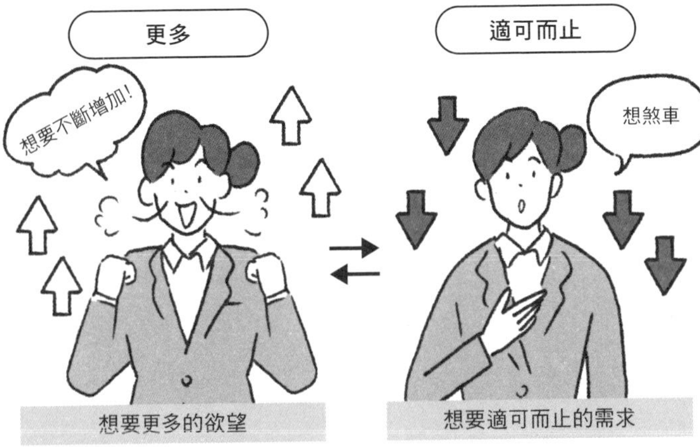

—情緒B：想要適可而止的需求

【想要更多⇅適可而止】模式通常是在「有想要更多」的東西，但是欲望卻煞不了車，導致產生負面影響的情況下發生。

正所謂「過猶不及」，有許多事情都應該保持「中庸」，不要太多，也不要太少。比方說，「工作時間」、「興趣、轉換心情」、「金錢」、「好朋友」、「值得信賴的部屬」都是如此。

以「金錢」為例，或許大家覺得愈多愈少，但有報告指出並非如此。

諾貝爾經濟學獎得主丹尼爾・康納曼

（Daniel Kahneman）指出，年收超過「七萬五千美元」之後，幸福程度就不會有什麼改變，所以擁有無止盡的金錢不一定會變得更幸福。

當資產愈來愈多，反而得花更多心思管理，欲望無盡地增幅，也會讓人無法滿足於現狀，一直「想要賺更多錢」。

「金錢多到用不完」聽起來像是奢侈的煩惱，但是滿腦子若只剩下【想要更多↑↓適可而止】模式之中的「想要更多」的欲望，恐怕永遠不會得到滿足，這也是值得參考的絕佳範例。

正面資產「多到」超過極限之後，就有可能變成負面資產，但是，我們很難在越過那條界線之前踩煞車。一如理智知道「暴飲暴食不好」，但如果能什麼事情都透過理智控制，生活就不用過得那麼辛苦了。

就算知道年收達到七萬五千美元就夠用，但是真的賺到七萬五千美元之後，就會萌生「再多賺一點也不錯」的想法，不由自主地以八萬美元為目標，當年收達到八萬美元，又陷入相同的循環……。

我們就是一邊「想要更多」，一邊又覺得「差不多夠了」或是「想要適可而止」，遲遲無法拿捏兩者的平衡，又不斷為此煩惱的生物。

【想要更多↑↓適可而止】模式是會於各種事物出現的矛盾，例如右頁列出的「時間」、「金錢」與其他資源，或是「朋友」、「部屬」這類人際關係。此外，酒精、香菸、賭博、電玩、智慧型手機、購物、戀愛這些令人「上癮」的事物也都是造成【想要更多↑↓適可而止】這類情緒矛盾的因素。重度依存症需要請求專業的協助，但是每個人都會在大腦獎賞機制創造的「想要更多」的欲望，以及由理智踩煞車的「適可而止」的需求之間掙扎。

「自由」與「關係」都是剛剛好就好

【想要更多↑↓適可而止】模式很常與其他模式一起出現。

比方說，【變化↑↓穩定】這類情緒矛盾之一的「想自由，也想要制約（束縛）」就常與【想要更多↑↓適可而止】這類情緒矛盾一起出現。基本上，這種「想自由，也想要制約」的情緒矛盾源自「想改變現況的欲望」與「希望維持現況的欲望」的矛盾，但如果引用【想要更多⇅適可而止】的概念解釋，就能更了解這些情緒矛盾。

比方說，將「想自由」的部分代入【想要更多⇅適可而止】的正面部分，就會變成「想要更多自由的需求」。

一如本書一再提及的，無止盡地追求「自由」反而會增加肩上的重擔，讓自己增加「束縛」。

此外，一旦「選項」變多，選擇的成本就會增加。簡單來說，就是會陷入「選擇障礙」的困境。

稍微回想一下就會發現，學校之所以會要求我們在念高中的時候選擇「理組還是文組」？以及從大量的科目之中選擇「世界史、日本史」或「化學、物理、生物」這些科目作為考試科目，或是要求我們選擇有興趣的「大學科系」，的確是非常合理的要求。

雖然這些選擇跟後續的職涯有關，但是要高中生從「一萬種職業之中，選出喜歡的職業」，實在是太過海闊天空，高中生一定會因此煩惱不已。

對我們來說，過度的自由反而不自由，所以下列兩種情緒總是渾沌不明。

●想要自由（想要增加「自由度」）

●覺得不用太自由（希望「自由度」恰到好處）

這可說與【想要更多⇅適可而止】的情緒矛盾完全一致。

其他像是模式【坦率⇅愛唱反調】的「想打好關係，又不想太過親近」這種想打好關係，又不想太過親近，也摻雜了【想要更多⇅適可而止】這種模式的概念。

其實「想打好關係，又不想太過親近」這種情緒矛盾除了可解釋成明明想跟對方親近，卻因為自卑而選擇欺騙自己的狀態，但是太過親近的人際關係本來就會引發各種問題。

如果彼此保有一定的分寸與距離，往往可以維持良好的關係，但是當見面的頻率增加，彼此的優點與缺點全攤在對方面前，相處就會變成壓力，壓力衍生嫌隙。

雖然這類問題可透過「對話」解決，建立更加深入的關係，但通常得耗費更多心力與時間溝通，才能達到這種境界。

因此，就算沒有自卑情結作祟，在「想要變得更加親近」的這種情緒背後依舊藏著「太過親近很麻煩」、「有點黏又不太黏的關係比較好」這類【想要更多↕適可而止】的矛盾。

【想要更多↕適可而止】的情緒矛盾

例：「想賺更多錢，卻又不想賺太多」
例：「想花更多時間工作，卻又不想工作太久」
例：「想要更多自由，又希望不要太自由」
例：「想大吃大喝，卻不想暴飲暴食」
例：「想要更親近，卻又不想太親近」

4.5 模式五 【自我本位⇅他人本位】

是為了自己還是為了這世界或別人？

【自我本位⇅他人本位】模式

【自我本位⇅他人本位】這種基本模式就是在「希望以自己為主的欲望」與「站在他人立場的欲望」之間產生情緒矛盾的模式。

【自我本位⇅他人本位】

——情緒A：希望以自己為主的欲望

圖表29　【自我本位⇄他人本位】模式

——情緒B：站在他人立場的欲望

到底「要為了自己而活」還是「為了別人而活」？這種【自我本位⇅他人本位】的情緒矛盾可說是人類長久以來的煩惱，這也是在各種職場、各種日常場景會遇到的情緒矛盾。

這種模式基本上會在第二章「精神構造」介紹的自卑、「動構構造」的「過度辯證效應」[30]，以及「絕招陷阱」交互影響之下發生。

許多人在小時候都曾接受「不要造成別人的麻煩」以及「要成為有用的人」這

類來自父母親或老師的教育，學習站在「他人」的立場。

一旦在這個過程中變得「無法接受原本的自己」，以及「只能從別人眼中的自己得到認同」，就會變得自卑，不自覺地扼殺「希望以自己為主的欲望」，滿腦子只有「站在他人立場的欲望」。

長此以往，內心就會失衡，身體也會出毛病，也有可能突然轉念，告訴自己「就做自己想做的事吧」或是「不想再對自己說謊」。

不過，那些靠著「興趣」與「專長」過活的人，也有可能陷入「絕招陷阱」，回過神來才發現自己「只想滿足別人的期待」，這就是【自我本位↑↓他人本位】這種模式的棘手之處。

除此之外，我們也得不斷地面對來自「組織構造」與「社會構造」的各種「外部麻煩」，此時的我們往往搞不清楚，眼前的工作到底是「為了自己」還是「為了別人」而做。

30　為了提高動機給予獎賞，但是給了獎賞之後，動機反而比之前降低。

在打造職涯的過程中，有時候是能夠同時「為了自己」與「為了他」而工作的，而這就是因為「自己的興趣剛好能夠幫到別人」而感動的狀況。

這就是不斷地鑽研興趣，讓興趣變成能夠服務他人的專業技能的情況，不然就是一開始以為是「為了他人」而做的工作，結果做著做著，反而愛上這份工作，因而「樂在其中」的情況。

不管是哪種情況，只要能同時「為了自己」又「為了他人」而工作，一定會覺得很充實，如果能保持這個狀態，就能打造最理想的職涯。可惜的是，這種狀態往往無法維持太久，因為要同時「為了自己」又「為了他人」工作是件非常困難的事，時間一久就會對這項工作「心生厭倦」，慢慢地失去「內在動機」，再次陷入「絕技陷阱」。

在這個沒有勝算，永遠「破不了關」的社會裡，許多人早就放棄面對這些矛盾與自我實現，忍不住地望天興嘆「唉，哪有什麼想做的事情啊」。

不過美國哲學家約翰杜威（John Dewey）曾說**衝動**（與內在動機類似）本來就是一種類似人類本能的特質，只要不是因為精神疾病而失去鬥志，誰都具備這種特質[31]。

當我們活在這個「不知道」答案與真心話的現代，我們或許就得不斷地面對這種【自我本位↑↓他人本位】的矛盾。

【自我本位↑↓他人本位】的情緒矛盾

例：「想一直做自己喜歡做的事，卻想得到別人的好評」

例：「想持續磨練自己的專長，卻不希望被別人厭煩」

例：想持續挑戰想做的事，也想幫助別人」

例：「想根據自己的想法工作，卻又想遵守上司的指示」

---

31 約翰・杜威（一九三八）《經驗與教育》講談社；繁中版聯經出版（二〇一五）。

第二篇

實踐篇

第五章

包容矛盾，減少煩惱

5.1 包容自己能夠減少煩惱

5.2 發現矛盾的步驟

5.3 找出藏在內心深處的情緒

5.1 包容自己能夠減少煩惱

煩惱源自「尚未察覺」的情緒矛盾

接下來是實踐篇的內容，要為大家介紹實踐矛盾思考的具體方法。第五章介紹的是矛盾思考的第一步，也就是層級①包容情緒矛盾與消除煩惱」的方法。

矛盾思考的三個層級

—層級① 包容情緒矛盾與消除煩惱

層級② 編輯情緒矛盾，找出問題的解決方案

層級③　利用情緒矛盾，極限發揮創意

包容，顧名思義就是「接受」的意思。

或許大家會覺得，只是接受矛盾，又無法解決矛盾，但其實「接受矛盾」可讓我們從深不見底的「煩惱」解脫，讓我們找到之前從沒想到的「創意」或是解決問題的「方案」，所以「接受」可說是解決矛盾的「第一步」。

這是因為藏在「棘手問題」背後的「情緒矛盾」是隱而不現的，當事者通常都無法察覺這種矛盾的情緒。棘手問題之所以難以對付，在於當事人「尚未察覺」自己有哪些情緒矛盾。

抑或明明已經隱約察覺到某種情緒矛盾，卻不願意承認，「假裝自己沒有任何情緒矛盾」。

要想消除煩惱，「察覺」煩惱的原因真的非常重要。

尤其在這個外部環境「渾沌未明」的VUCA時代裡，讓我們不知該如何面對情緒的情況愈來愈多，所以「察覺」煩惱的原因也顯得更加重要。

第一步就是先確認自己有哪些情緒矛盾，察覺與接受自己尚未發現的情緒。光是承認這些情緒矛盾是人類常有的「矛盾」，就能讓那些主觀的「煩惱」減輕不少，心情也會變得更加輕鬆。

以「後設認知」的方式察覺情緒，藉此擺脫矛盾

這種掌握自身情緒的過程稱為**後設認知**（metacognition）。後設的英文是meta，具有「更高層次」的意思，也就是從客觀的角度俯瞰自己或是周遭的環境[32]。

後設認知的祕訣在於**讓「自己」與「問題」分離**。當我們能客觀地告訴自己「什麼啊，原來我的煩惱就只是這個啊」，心情自然會跟著放晴。

讓我們以某位大企業四十幾歲男課長的例子，思考以後設認知的方式察覺情緒矛盾有多麼厲害吧。

他從學校畢業之後，就一直在這家公司工作。工作了十五年左右，在快要四十歲

的時候升任課長。當時的他覺得這是他努力工作這麼多年的回報，也比以前更加努力工作。

為了報答栽培自己的上司，他除了思考理想的主管該是什麼模樣，也設定了業績目標，還非常認真地栽培人才，所以成為受部屬愛戴的「優質課長」。

不過，他最近與畢業一陣子才進入公司服務的二十幾歲部屬有點衝突，在擔任中階主管這條路首次「受挫」。

這位部屬很懂得待人處世，個性絕對不差，但是一進公司就想著「副業」，哪怕還有一堆工作沒完成，只要一到下班時間就急著回家。那副「吊兒郎當」的模樣讓人噁心想吐，這位課長也不知道自己該怎麼指導才好。

由於公司沒禁止員工從事副業，所以這位課長也無法說什麼。在想不到什麼具體的回饋之下，這位部長有時會把這位部屬叫過來，一對一地說教，或是大聲地對這位部屬吼「給我認真工作一點」，但每一次都讓這位課長覺得自己不像想像中的理想課

32 Brown, A. L.（1984）*Knowing When, Where, and How to Remember: A problem of metacognition*

長，也漸漸地討厭自己。

「後設認知」是矛盾思考的起點，而實踐「後設認知」的祕訣在於「先從客觀的角度俯視自己有哪些情緒矛盾」，而不是毫無章法地解決「管理上的問題」。

簡單來說，就是將潛藏在內心深處的情緒矛盾拉到「外側」，讓煩惱已久的「棘手問題」與「情緒矛盾」分離。

先放下解決問題的想法，窺探隱藏在內心深處的情緒

讓我們先放下「該怎麼改變部屬的工作態度」這個煩惱，先試著觀察這位男性的內心藏著什麼情緒。

一開始應該會先發現對於這位部屬的「憤怒」、「嫌惡」、「輕蔑」與「失望」，這些都是氣得想要貶低與責備對方的情緒。第一步就是先坦率地承認自己「討厭」部屬的情緒。

接著可試著問問自己，為什麼會想要責備對方呢？是因為打從心底希望部屬能夠成長，對部屬抱有超高的期待，所以才會覺得現在的工作態度不佳嗎？如果是這位男性心目前的「理想上司」，應該會選擇這個理由，很可惜的是，這不是這位男性真正的情緒。

若是參考前一章介紹的情緒矛盾基本模式，就會發現這似乎屬於【坦率⇅愛唱反調】模式的矛盾。

所謂的【坦率⇅愛唱反調】就是在打從內心想要的欲望與違反本意的欲望之間出現的情緒矛盾，一邊想要責備對方，討厭對方，一邊要想讚美對方，欣賞對方或是憧憬對方。

這個男性的例子也是一樣，其實不妨客觀地審視自己，問問自己內心深處是不是有點「羨慕」這位部屬。如此一來就會發現，雖然不願意承認，卻很嫉妒能夠一邊顧好正職的工作，一邊從事副業，讓自己的生活過得很精彩的部屬。

仔細想想就會發現，這位男性幾乎是以「奉獻犧牲」的精神對公司有所貢獻。雖然他也曾經擔心自己的職涯不順遂，也很害怕自己被時代淘汰，所以曾經試著

圖表30 利用後設認知的方式了解情緒矛盾

了解各種「副業」，但遲遲無法踏出第一步，而且每天光是加班就忙得焦頭爛額，所以最後放棄了從事副業的想法。

原來是這樣啊，原來我很嫉妒能夠隨心所欲地實現自我的部屬，也很嚮往他的人生啊。說不定自己也想要這種「吊兒郎噹」的感覺。建議大家接受這種矛盾的情緒，因為這也是「很麻煩卻很可愛」的特徵之一。

下一節會開始介紹找出矛盾的方法，只要按部就班，應該就能找出矛盾的情緒，一旦將自己的矛盾寫成「想要A，又想要B」的格式，就會知道自己心煩意亂的原因，也會知道「原來我是因為這件事情而煩惱」或

圖表23（再揭）　情緒矛盾的基本模式

基本模式	情緒 A	情緒 B
坦率⇄愛唱反調	源自內心深處的欲望	與內心唱反調的欲望
變化⇄穩定	希望改變現狀的欲望	希望現狀穩定的欲望
以大局為重⇄短視近利	希望俯瞰全局的需求	快速獲利的欲望
想要更多⇄適可而止	希望得到更多的欲望	想要適可而止的欲望
自我本位⇄他人本位	希望以自己為主的欲望	站在他人立場的欲望

是「原來我是因為這樣才陷入負面思考的循環之中」，這就是後設認知的厲害之處。

「簡化」煩惱再加點吐槽，凡事就會輕鬆一點

那些惱人的情緒矛盾應該都能套入第四章介紹的「五種基本模式」：

情緒矛盾的基本模式

1【坦率⇅愛唱反調】
2【變化⇅安定】
3【顧全大局⇅短視近利】

4【想要更多⇅差不多就好】

5【自我本位⇅他人本位】

就算不符合其中一種，通常也是幾種基本模式混合而成的情緒矛盾。

人類總是覺得自己的煩惱「特別深刻，特別與眾不同」，甚至會想要大喊「這些基本模式哪能說明我的煩惱！」

我了解這種心情，但還是建議大家將自己的煩惱套入這些「基本模式」，替煩惱貼標籤與分類，試著讓煩惱「簡化」。

或許我的煩惱真的很「特別」，但是造成這個煩惱的「情緒矛盾」卻很常見，是許多人都曾經遇過的情況，也是「再平凡不過的現象」。建議大家試著對自己這麼說。

替自己的問題命名有助於驅動後設認知。

在敘事治療（narrative therapy）這種心理治療方式之中，這個過程稱為**外化**（Externalization）。

如果懂得使用後設認知與前述的基本模式，就能讓自己與情緒矛盾一刀兩斷，將情緒矛盾趕出腦海，也能明白這種情緒矛盾是「人類常有的煩惱」，進而接納這種情緒矛盾。這就是矛盾思考的第一步。

下一節要進一步說明找出情緒矛盾的方法。

5.2 發現矛盾的步驟

找出情緒矛盾的五個步驟

本節要說明的是，矛盾思考的層級①包容情緒矛盾與消除煩惱」的具體步驟。

沒頭沒腦地問自己「我到底有什麼情緒矛盾」，恐怕也很難找到答案，無法了解真正的煩惱是什麼。

如果情緒矛盾剛好能套入前述的「基本模式」，或許可以立刻找到「煩惱的根源」，但是當問題渾沌不清，或是你不願意正視自己的情緒時，就恐怕無法從前述的基本模式找到情緒矛盾。

如果遲遲找不到情緒矛盾，請不要太著急，先透過以下五個步驟慢慢思考：

步驟一：整理於腦海浮沉的「煩惱根源」
步驟二：將煩惱根源整理成「矩陣」
步驟三：鎖定想要解決的「問題」
步驟四：探討與問題相關的「情緒」
步驟五：以矛盾的格式記錄情緒

如果對想要解決的「問題」有一定程度的了解，步驟一至二就可以快速略過，直接跳到步驟三。

如果還沒鎖定問題，也因此不安與感到壓力，就花時間從步驟一開始，試著寫出那些沒能清楚描述的煩惱根源。

步驟一：整理於腦海浮沉的「煩惱根源」

首先試著將「煩惱根源」寫在紙上。

不管是多麼瑣碎的煩惱都好，試著列出那些讓自己陷入煩惱的原因。

所謂的「煩惱根源」就是對日常生活、工作、人際關係與職涯造成壓力的事物，或是想解決卻一直無法解決的難題，也有可能是一想到就覺得很沮喪的事情，或是以為解決了，卻又再次發生的問題，當然也有可能是「不想再去想，結果又不小心想起來」的事情。

任何揮之不去的負面因素都是「煩惱根源」，請大家不要在意煩惱的類型或是樣式，先把這些煩惱根源寫出來再說。不管寫了十個還是二十個，總之把所有想到的都寫出來：

煩惱根源的例子

- 對於後續的職涯感到不安

● 覺得跟家人溝通很麻煩
● 覺得現在的職場沒有安全感
● 覺得戀愛談不久
● 想搬家
● 沒有錢

建議大家寫在「紙上」，也就是以「類比型態」的方式記錄。比起行距與字體固定，看起來生冷無機的數位記筆本而言，親手將想法寫在觸感鮮明的紙上，比較能夠面對自己的情緒。

寫在筆記本固然是個選擇，但建議大家盡可能寫在「便條紙」這類小條的紙上，後續的步驟二會比較容易進行。

有時候光是寫出這些煩惱根源，心情就會好一點。這其實是後設認知的效果，當煩惱根源從「自己」移動到「紙上」，然後再以俯瞰的角度觀察這些煩惱根源，就能以客觀的角度看待自己。

這時候不需要急著找出「情緒矛盾」，但有時候煩惱根源會寫成「想這樣做，又想那樣做」的格式。比方說：

●想花時間鑽研新工作，但是光處理眼前的工作就沒時間了。
●想締造屬於個人的成績，卻必須栽培部屬
●想悠哉過生活，又不想放棄升官

這些煩惱可在步驟五的時候，當成「情緒矛盾」處理，所以要特別重視這些煩惱。要注意的是，如果某些煩惱看起來就像是某種矛盾，還是盡可能透過步驟二至四確認這些煩惱根源是否為情緒矛盾。

如果已經寫不出其他的煩惱根源，代表已經完成了步驟一。

步驟二：將煩惱根源整理成「矩陣圖」

就算寫出煩惱根源，也絕對不能因此心急。此時該做的是先瀏覽這些「煩惱根源」，試著思考自己有哪些煩惱，而不是沒來由地「選出一個煩惱根源」。

照理說，在這些「煩惱根源」之中，有些很「抽象」，有些卻很「具體」。抽象的煩惱根源有可能是「結婚」、「換工作」、「工作」、「金錢」、「職涯」、「管理」、「健康」，這類同時包含多種煩惱的煩惱根源或是關鍵字，而這些都是非常巨大的人生主題。

至於具體的煩惱根源，則是以下這種不難想像的壓力：

- 害怕明天重要簡報不順利
- 這個月的業績已經差不多確定，但是離目標業績還差百分之五
- 差不多該開始準備跳槽，但沒有時間準備
- 孩子愈來愈大，家裡愈變愈小

圖表31　抽象⇄具體、短期⇆長期的矩陣

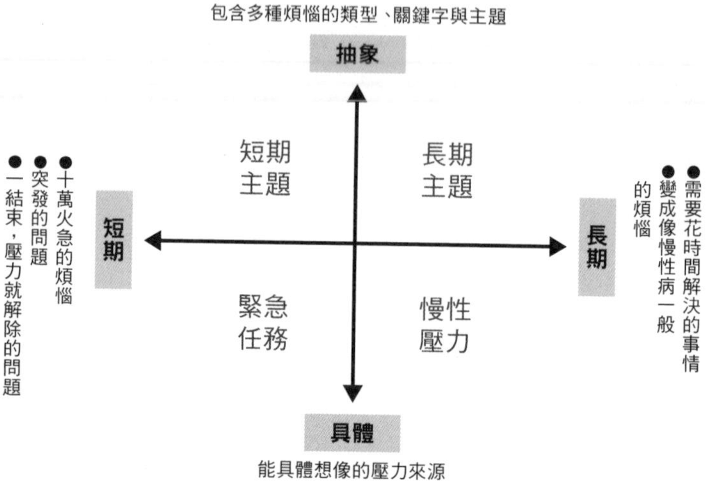

●愈來愈少運動，愈來愈常腰痛

這些具體的煩惱根源還分成「短期」與「長期」兩種。

短期的煩惱根源是指必須立刻處理的偶發煩惱，或是事情一過，壓力就解除的煩惱，也就是所謂的「好了傷疤就忘了疼」的那些煩惱，例如「害怕明天的重大簡報不順利」就是其中一種。

長期的煩惱根源是指必須花很多時間與精力才能解決的複雜問題，或像是慢性病一般，與日常生活息息相關的問題。

讓我們重新看一遍在步驟一寫出的「煩惱根源」，再以抽象與具體、短期與長期這兩條座標軸，整理這些煩惱根源。接著可根據這些煩惱根源的性質，在各個象限標上「短期主題」、「長期主題」、「緊急任務」、「慢性壓力」這些名稱。

經過上述的整理之後，每個人的傾向應該不會一樣。比方說，可試著如下觀察自己的「煩惱傾向」。

例：長期的煩惱都偏向「家人」、「健康」這類抽象的主題，缺乏具體的描述內容。

例：短期的煩惱只有職場溝通問題，與上司有關的特別多。

例：短期主題只有「結婚」與「換工作」這類問題，但是都沒辦法採取具體的行動，總是不自覺地逃避這類問題。

光是察覺到這些傾向，就等於後設認知發揮效果了。

步驟三：鎖定想要解決的「問題」

將煩惱根源整理成矩陣之後，差不多可以試著從中找出想解決的「問題」。

話說回來，佛教有「一切皆苦」這種概念。這是釋迦牟尼的教誨，意思是人生就是由一連串的痛苦所組成，一切不會照預想的發生。

從這句話不難發現，我們再怎麼努力，也不可能解決每一個羅列在矩陣之中的煩惱，而且不管再怎麼認真面對煩惱，恐怕還是會出現新的煩惱，前述的矩陣永遠都不會出現空格。

我們的身心都只有一個，而且時間極為有限，雖然「現在是人生一百年的時代」這句話讓人感到很漫長，但其實換算下來，也不過是五千兩百週而已，所以我們該做的是找出**現在該解決的問題**，再投入珍貴的資源，解決這個問題，而不是一味地想要解決所有煩惱。

與此同時，我們也不能太過著急。能否成功解決問題，與「設定問題的方法」息息相關。比方說，若從不同的角度觀察「新冠疫情」，會找出哪些問題呢？

- 該怎麼做才能讓感染人數歸零？
- 該怎麼做才能減少重症與死亡人數呢？
- 該怎麼做才能減少重症率，又能促進經濟活動呢？

這些問題都有預防感染的概念，但是問題的難易度以及意思卻是大不相同。由此可知，一旦設定問題的方式出現些微的誤差，就很難解決問題，不然就是無法得到別人的共鳴，也無法找到更好的解決方案。

鎖定問題的祕訣在於盡可能不要偏向矩陣的任何一個象限，盡可能地設定「靠近矩陣正中央」的問題。

不要設定太過抽象的問題，也不要設定太過清晰的問題。比方說，就算一直大喊「一切都是新冠疫情害的」、「接下來的職涯該怎麼辦」，也無法找出問題徵結以及具體的解決方案。

圖表32 鎖定「問題」的祕訣

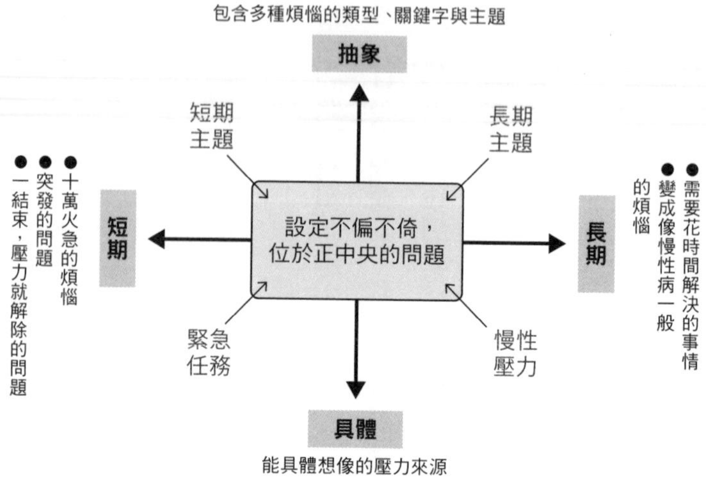

此外，「想減重一點五公斤」這種太具體的問題也不行，因為這個問題的範圍太過狹窄，「想要變瘦，但是一直沒有動力」這種略顯抽象的問題才是值得思考的問題。

就算是同性質的問題，需要花點時間解決的問題會比短期問題，更有機會找出從根本解決問題的方法，但也不能因此就設定需要好幾年或是好幾十年才能解決的問題，否則會不知道該從何處著手。建議大家設定最短一個月，最長不超過半年，就能看到成效的「中期問題」。

此外，也要特別注意問題的「性

質」。

盡可能不要設定那種找專家商量或是在網路搜尋一下，就能立刻解決的問題。如果還是無心解決問題，或許「明明就是可以立刻解決的問題，為什麼遲遲不動手」才是真正的問題。

此外，不要設定因為資源[33]不夠、基礎建設[34]不足這類問題，才比較實既。比方說，再怎麼抱怨「人力不足」，也無法改變職場的現況，所以此時該思考的是「為什麼人力會不足」，找出問題的本質，如此一來就會找到「工作供過於求」、「沒有花心思徵人」、「人才流動率太高」這類切入點。

設定經過一些努力與嘗試之後，「覺得應該能解決，但一直無法順利解決」的問題，可說是設定問題的祕訣。

以上就是設定問題的祕訣，但如果還是在設定問題的時候遇到問題，請不要想太

33 人力、物資、資金或是時間。
34 支撐社會基礎架構的設備、機構、制度或是系統。

多，靠著「直覺」設定就好。請回想在理論篇的內容，回想產生情緒矛盾的機制，應該就能快速找到該以「矛盾思考」解決的問題。

在考試的時候「答錯」會扣分，但是設定了錯誤的「問題」不會，因為之後再換個問題就好。

步驟四：探討與問題相關的「情緒」

鎖定「問題」之後，接著要將注意力放在與這個問題有關的「情緒」。基本上就是問問自己對這個問題有哪些欲望、心情或是感覺，然後將這些寫在便條紙或是紙張上面。

可試著以「想做什麼」、「不想做什麼」這種簡單的格式寫出心中的欲望：

- 想做的事情（想變成這樣，想這樣做）

● 不想做的事情（不想變成這樣、想避開這些事情）

讓我們再次以在大企業擔任課長的四十幾歲男性為例，也就是在前一節提到的例子說明吧。這位男性自從大學畢業之後，就一直在這間公司上班，也一心想要成為能幫助公司成長的「理想課長」，卻不知道該怎麼管理看起來有點「輕浮」，卻能兼顧副業的部屬。

若是試著寫出與這個問題有關的欲望，大概可以得到以下內容：

想做的事情

● 想成為「理想的課長」
● 希望部屬能在本業更用心
● 希望在一對一面談的時候給予正確的回饋

不想做的事情

● 不想對部屬不耐煩

這個步驟的重點在於寫出「主觀的情緒」而不是「客觀的狀況」，換言之，要寫的不是「環境如何如何」，而是要寫主詞是「我」（I），動詞是「感覺」（feel）、「想要這麼做」（want）的內容。

比方說，「部屬很輕浮」其實是一種與「周遭情況」有關的說明，而不是針對自身情緒的描述。這個步驟的重點在於寫下面對這種「情況」時，「我」產生了哪些哪些情緒。

在根據這些情緒進一步探討時，可使用第二章介紹的羅伯特普拉奇克的「情緒輪（Wheel of emotions）」。

寫下來的情緒與八種基本情緒的「喜悅（joy）、信任（trust）、恐懼（fear）、驚訝（surprise）、悲傷（sadness）、厭惡（disgust）、憤怒（anger）、期待（anticipation）」的

圖表 7（再揭）　普拉奇克的「情緒輪」

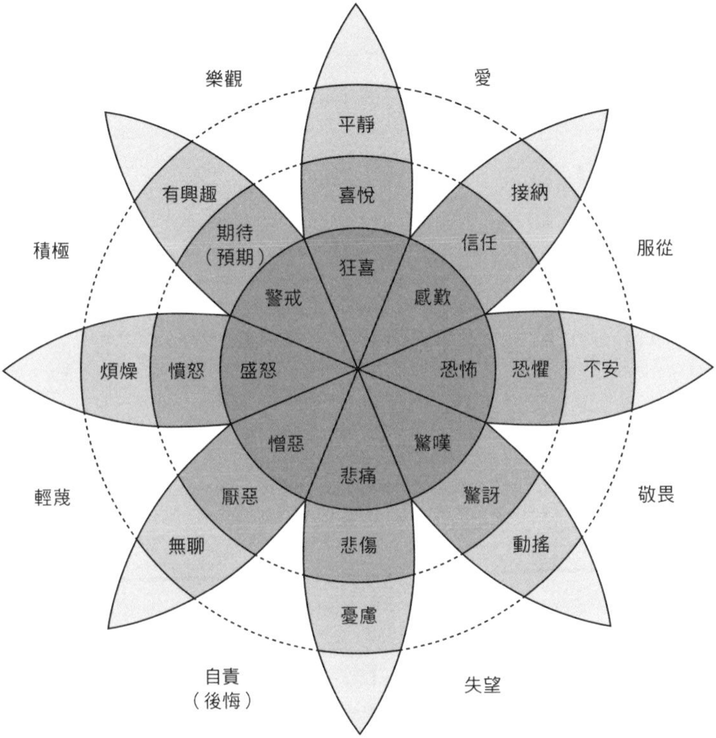

出處：Robert Plutchik, Henry Kellerman (1980) Emotion: Theory, Research, and Experience: Vol.1 Theories of Emotion.New York: Academic Press

哪一種比較接近呢？

如果比較接近「憤怒」，那麼是「暴怒」還是僅止於「厭煩」的程度呢？

在寫下來的情緒之中，有沒有哪些元素與憤怒周遭的「不安」、「感興趣」、「警戒」相近呢？

自己會因為這件事而感到「悲傷」嗎？還是會「害怕」對方呢？

試著像這樣貼上情緒標籤，試著找出藏在問題背後的情緒，再找出足以形容這些情緒的詞彙。

如此一來，就能比一開始寫下的內容更詳盡地描述自己的情緒，也能讓藏在問題背後的各種微妙情緒化為具體的語言。

一開始寫下的情緒（before）

- 想成為「理想的課長」
- 希望部屬能在本業更用心
- 希望在一對一面談的時候給予正確的回饋

● 不想對部屬不耐煩

進一步探討情緒之後（after）的例子

● 更相信自己能夠成為「理想的課長」，也覺得工作很開心
● 更關心與包容部屬
● 明明不是嚴重的問題或行動，卻對部屬產生多餘的厭惡感
● 對部屬沒有興趣，卻害怕部屬擁有自己沒有的才能，也因此惶惶不安

從上述這些例子可以知道，以其他的詞彙描述那些原些以簡單的字眼描述的情緒之後，光是描述的字數變多，就能進一步看清情緒的本質。

下個步驟總算要根據這些情緒定義「情緒矛盾」。因此盡可能在步驟四找出「埋在內心深處的情緒」是非常重要的步驟。

如果「情緒輪」無法讓你找到埋在內心深處的情緒，可試著使用下一節介紹的幾種技巧，幫助自己找出「埋在內心深處的情緒」。

圖表33　將矛盾的情緒整理成「情緒矛盾」的格式

步驟五：以矛盾的格式記錄情緒

最後的步驟總算要具體寫出「情緒矛盾」。

如果前面幾個步驟都做得很完整，應該已經察覺一些矛盾的情緒才對。

此時可將「只要這兩種問題能夠同時解決，煩惱就會消失」的情緒寫成「情緒矛盾」的格式。

一如第一章所介紹的，「情緒矛盾」的定義就是在問題的背後，存在著「情緒A」與「情緒B」這兩種互相矛盾的情緒，也就是以其中一邊為優先，都無法得到理想答案的狀態。

在分屬天秤兩端的「情緒A」與「情緒B」寫下「想做～」、「不想做～」、「感受到～情緒」這種格式寫下情緒矛盾。

如此一來，就能以「想打好關係，又不想太過親近」、「想持續磨練自己的專長，卻不希望被別人厭煩」這種「希望是A，又希望是Ｂ」這種格式統整情緒矛盾。

這時候可試著確認寫下來的情緒矛盾是否與第四章介紹的「基本模式」對應。只要能套入基本模式，就能快速找到解決方案，所以參考最相近的基本模式，再以上述的格式寫出情緒矛盾，或是組合多種看似相關的基本模式，再將情緒矛盾套進去，就應該能找到解決方案。

矛盾的基本模式

模式一【坦率↓↑愛唱反調】
模式二【變化↓↑安定】
模式三【顧全大局↓↑短視近利】
模式四【想要更多↓↑差不多就好】
模式五【自我本位↓↑他人本位】

這些基本模式都只是常見的情緒矛盾，所以不一定能用來分類你的情緒矛盾，此時只需要以你最能接受的方式整理情緒矛盾即可。

5.3 找出藏在內心深處的情緒

該如此察覺藏在內心深處的情緒？

前一節整理了找出情緒矛盾的五個步驟。

步驟一：整理於腦海浮沉的「煩惱根源」

步驟二：將煩惱根源整理成「矩陣」

步驟三：鎖定想要解決的「問題」

步驟四：探討與問題相關的「情緒」

步驟五：以矛盾的格式記錄情緒

其中最重要的就是步驟四探討與問題相關的情緒。

在前一節簡單地介紹了寫出「想做～」、「不想做」這類欲望，以及讓這些欲望化為白紙黑字的具體方法。

不過，當情緒矛盾與在內心深扎根的自卑糾纏不清，或是外部環境實在太過複雜時，就很難察覺藏在內心深處那些「隱形情緒」。

本節要介紹六種挖掘這類「隱形情緒」的技巧。

挖掘藏在內心深處的「隱形情緒」的技巧

1 確認反轉情緒：如果正相反的情緒存在？

2 確認嫉妒情緒：心中是否燃起了嫉妒的情緒

3 確認想得到認同的情緒：哪些是會讓你開心的讚美？

4 確認優柔寡斷的事情：哪些事情讓你遲遲無法下決定？

5 確認限制解除的感受：如果那個限制消失了，會發生什麼事？

6 確認他人觀點：有哪些部分會被身邊的人吐槽？

確認反轉情緒：如果正相反的情緒存在？

所謂的確認反轉情緒是指在發現某種情緒之後，確認自己是否產生了與該情緒「正相反的情緒」的技巧。

我們之所以很難察覺自己真正的情緒，在於特定的情緒總是沉入「潛意識」之中，不會浮到「意識」這個層面。

情緒沉入「潛意識」的理由主要有兩個。

第一個就是第二章提到的「自卑」。當我們不想承認自己輸給別人，就會想要「壓抑」這種情緒。這部分已經介紹過，所以這裡就不再贅述。

第二個則是某種情緒得到「滿足」之後，該情緒也會沉入潛意識。比方說，當一日三餐變成「理所當然」的事情，「想每天吃到三餐」的欲望就會沉入潛意識。

不過，就算不會特別想到，也不代表「不想吃到三餐」，所以一旦以「想變瘦」的欲望為優先，一天只吃一餐的話，「想正常吃三餐」的欲望就會立刻復活。

一如「失去之後才懂得珍惜」這句話，已經得到滿足的欲望往往會被忽略。

確認反轉情緒的方法很簡單，就是不假思索地讓已經察覺的情緒反轉，思考自己的潛意識之中，是否藏著正相反的情緒。

比方說，你發現自己有「想要無拘無束地自由工作」的情緒，接著不假思索地將這種情緒改寫成意思完全相反的情緒，例如「想繼續綁在現在的公司」或是「不想要變得自由」。

不假思索地反轉察覺到的情緒

「想要無拘無束地自由工作」→「想繼續留在現在的公司」、「不想要變得自由」。

照理說，想要的是「無拘無束地自由工作」，所以應該不會有正相反的情緒才對。

不過前面也提過，潛意識是不可靠的，所以還是要問問自己「被綁在公司有沒有什麼好處」。

結果有可能發現隸屬於公司或是被上司、規則限制自由之後，換得一些好處。比方說，可以換到下列這些好處。

- 上司會幫忙控制工作量，所以不會工作過度。
- 上司會駁回風險過高的企畫，避免客戶抱怨
- 只需要負責擅長的「企畫」，不需要理會其他雜事

此時「接受適度的管理之後，反而可以專心處理眼前的工作」這種隱形情緒就會浮現。隸屬於公司意味著「接受適度的管理很棒」的欲望被滿足，所以只有「想自由工作」這種不合理的情緒浮出檯面。

巧。

確認嫉妒情緒：心中是否燃起了嫉妒的情緒

確認嫉妒情緒顧名思義，就是確認自己是否嫉妒別人，然後再找出隱形情緒的技巧。

嫉妒是看到別人比自己優秀、比自己幸運時，覺得「羨慕」或「眼紅」的情緒，這種情緒本身也是一種負面情緒。

不過，要想察覺隱形情緒就必須面對這種讓人感到負面的情緒。接受負面情緒是很傷神的，所以平常我們都會不自覺地把這種情緒埋在內心深處，把這類情緒當成「沒這回事」。

此外，就像情緒矛盾的基本模式【坦率↕愛唱反調】提到的「想變成那樣，卻又不想變成那樣」或是「其實很喜歡，但是又不喜歡」的例子告訴我們的，明明內心「很羨慕」，卻不知不覺地轉換成「憎惡」的情緒。

明明是「很想要的東西」卻假裝沒這回事。想要矯正這種「扭曲的情緒」，察覺自己真正的欲望或目標時，嫉妒往往是最佳「線索」。

大家不妨試著問自己下面三個問題，進一步了解自己的嫉妒：

①看到第三者被稱讚時，會不會出現某種莫名的情緒呢？

②無論如何都無法認同對方的成功嗎？

③不想承認自己很羨慕嗎？

請盡可能回想實際發生過的情況，再試著以語言描述。

①：看到與自己一樣，都是大學畢業就進入公司的同期得到業務部的「新人獎」很開心，但是卻不想參加慶祝會，隨便找了個身體不舒服的藉口缺席。

②：從人事部門得知之前帶不好的部屬在換部門之後大展身手的事情後，覺得這消息很無聊。

③：從社群網站看到早一步辭職，搬到外縣市的朋友過得很充實，還有那些在鄉下露營的照片之後，就是不想替對方「按讚」。

如果身心俱疲，會讓人很不想面對這些情緒，所以建議選個很好睡的天氣，一邊散步，一邊試著面對這些情緒。

寫出上述這類可能實際發生過的場面之後，再思考嫉妒對方的「原因」。換句話說，就是找出**自己真正想要的是什麼**。這時候不要只是寫出「很不甘願」這種內容，而是要盡可能詳盡地描述自己的情緒。

以①而言，有可能你一直覺得「自己比較優秀」，覺得自己的才能被公司與上司否定，覺得很不甘願，不想參加慶祝會，看到同期被上司稱讚的樣子。雖然沒有真的想要得到什麼「獎」，但希望有朝一日能得到上司的認同，證明自己比同期優秀。

如果是②，一直覺得是部屬的能力與態度有問題，沒想到間接被人事部門指出是自己的管理方式有問題，也因此自尊受損。如果前部屬真的在其他部門大展身手，就只能告訴自己「自己與那位部屬不合」，但光是這樣無法找回自信。要找回身為管理職的自信，就得早點創造拿得出手的成績。

以③為例，之前覺得這位朋友在工作上不夠積極進取，也有點「看不起」對方，但後來才發現這一切都是源自嫉妒。雖然沒想過「搬到外縣市」或是悠哉地露營，但仔細想想才發現，自己有可能很害怕在辭職之後，變得什麼都不是，也很害怕得在空下來的時間面對家人，或許正是因為如此，才會嫉妒這位願意放下一切，與家人分享時間的朋友。

由此可知，我們可以根據這些突然湧現的「嫉妒」，一步步挖掘自己的內心深處，了解自己「真正想要的東西」，這也是「確認嫉妒情緒」的重點。

確認想得到認同的情緒：哪些是會讓你開心的讚美？

確認想得到認同的部分就是以「會讓自己感到開心的讚美」為線索，找出隱形情緒的技巧。

不管是被同事、上司、後輩、朋友還是家人稱讚都可以，請試著列出那些「聽到就會很開心」的讚美。

也可以同時列出「聽了不會太開心的讚美」或是「不想被讚美的部分」以及「聽得很膩的讚美」，然後再比較兩者的差異。

聽了會開心的讚美（例）：

●「你很有創意～」

●「你改變不少（笑）～」

●「你怎麼有辦法想到這個點子啊？」

聽了不會開心的讚美（例）：

●「你真的很努力～」

●「你真的很博學～」

●「你的學歷好厲害～你一定很喜歡讀書，對吧？」

若以前面的例子來看，在經過上述的比較之後，就能發現自己比較想要得到「原創發想、即興能力」這類不流於俗套的讚美。相反地，就能知道自己不希望受到讚美的是因為知識、學歷這類需要不斷「努力」才能獲得的成果。

經過上述的比較之後，可以知道自己希望別人如何看待自己，以及不希望別人如何看待自己，反過來說，那些「聽了會開心的讚美」其實是「自己覺得自己不足的部分」，而那些「聽了不會開心的讚美」則是自己的強項。

如果真的改變了不少，聽到別人讚美你「改變了不少」，應該高興不起來才對，因為你知道自己其實是個「很努力的人」，而且那也是你真正厲害的地方，也知道那是你的工作方式，只不過一直對「天才」有所憧憬的你，無法坦率地承認自己「不是天才」，所以才會為了彌補這個「遺憾」而做出一些看似打破常規的事情，藉此得到想要的讚美。

比較這些聽了會開心與不開心的讚美可察覺自己真正的願望與找出隱形情緒。

確認優柔寡斷的事情：哪些事情讓你遲遲無法下決定？

確認優柔寡斷的事情是指，以那些工作或生活之中「遲遲無法下決定」的事情為線索，找出隱形情緒的技巧。那些無法當機立斷的事情有可能背後都有情緒矛盾在做祟，所以可幫助我們找出情緒矛盾。

明明在創業初期的時候，免費活動吸引了不少客人，但最近卻不斷地接到「有點貴」、「月費太高，很難繼續使用」這類客訴，也為了退訂閱率傷透腦筋。

雖然CEO與開發成員都提出「調降費用」的建議，但總是以「一旦調降，之後就調不回來」的理由，讓這個議題暫時擱置，也跟身邊的人說「總之不能隨便調降費用，所以先以目前的費率經營看看」。

從經營者的角度而言，這的確是「謹慎的處理方式」，但是這種「遲遲不做出決定」的背後，很可能藏著情緒矛盾，其中也潛藏著自己難以言論的情緒。

若以情緒矛盾的基本模式來解釋，這種情況符合【變化↓↑安定】這個基本模式，換句話說，就是陷入「想決定，卻又不想決定」這種矛盾的情況。

為了繼續找出真正的情緒，就得思考「為什麼遲遲無法做出決定」的原因，但通常只能得出「因為風險很高」、「因為不知道哪邊才是正確答案」這類廉價的答案，無法找出藏在這類情況背後的「隱形情緒」。

因此讓我們進一步思考以下的問題：

①是否想過遲遲無法做出決定時，自己會「失去什麼」呢？

②如果遲遲無法做出決定，自己又能「得到什麼」呢？

當我們思考這兩個問題，就能找出遲遲無法做出決定的「真正原因」。

①是否想過遲遲無法做出決定時，自己會「失去什麼」呢？

身為經營者，一直都希望提高服務的「價值」，一旦隨便調降費率，就等於放棄提升價值，也等於對品質妥協，整個開發團隊的士氣有可能會大受打擊。

②如果遲遲無法做出決定，自己又能「得到什麼」呢？

另一方面，心中也有「真的只需要『調降費率』就能增加顧客嗎？」這類疑慮。雖然真正的想法是提升服務的「價值」，但是現在還沒達到心目中的標準。在還沒調降費率時，可以把一切的錯誤怪罪在「費率太高」這點，但是，狀況若在降價之後還是沒有得到改善，就必須面對「服務本身的價值不高」這個問題，所以很害怕失去這個「藉口」或是退路。

經過上述的自我分析之後，可以發現在【變化↓↑安定】這種情緒矛盾的背後藏著「想提高服務價值，卻害怕面對提高服務價值這個問題」的情緒矛盾，而這種情緒矛盾與【坦率↓↑愛唱反調】這種情緒矛盾非常類似。

若是依照上述的例子探討那些遲遲無法做出決定的事物背後，是否藏著「失去什麼會感到不安」或是「在不知不覺之中享受的好處」這類因素，有時就能找出隱形情緒。

確認限制解除的感受：如果那個限制消失了，會發生什麼事？

所謂確認限制解除的感受，就是想像阻礙自己達成目標的「限制」消失，從潛意識挖出欲望的技巧。

這世上的每個人都「某種限制」束縛著，比方說，有限的金錢、時間、工具或是運動能力、可靠的人脈，也有可能是法律或組織規範，這些來自大環境的束縛也限制了我們「能做的事情」。

一如一天最多只有「二十四小時」這點，有些限制的確無法改變，但假使能拿掉這些限制，自己會產生哪些欲望呢？這個技巧就是要模擬這個情況，找出自己的隱形情緒。

這個技巧不會突然拿掉所有限制，讓大家覺得「什麼都可行」，因為想像自己成為億萬富翁，或是擁有無限的時間，抑或不需要在意法律或重力實在太過「天馬行空」，無助於察覺自己的情緒。

這個技巧的重點在於稍微拿掉某項特定的限制。比方說，可試著問自己以下的問題：

- 如果每週多一天的自由時間……
- 如果截稿日期多一個月……
- 如果預算多兩成……
- 如果上司願意答應某個請求……
- 如果家裡多一間房間……

在稍微拿掉限制之後，具體想像一下自己會產生哪些欲望。

在像這樣想像變得有點「貪心」的自己時產生的情緒，有可能就是那些受現實所迫，覺得「一定不可能實現」而不得不放棄的「情緒」。

生活在這個永遠「破不了關」的社會之中，我們總是不斷地告訴自己「這個絕對不可能」，也讓我們變得愈來愈「沒有鬥志」，但是，所謂的「沒有鬥志」並非沒有動機，只是對動機視而不見的狀態。

要想坦率地面對隱形情緒，可以試著稍微拿掉眼前的「限制」，刺激壓抑的情緒。

確認他人觀點：有哪些部分會被身邊的人吐槽？

確認他人觀點這項技巧與先前介紹的技巧有些不同。要做的不是面對自己的內心，而是透過別人的觀點吐槽自己的方法。

換言之，就是問值得信賴的人「你覺得我的一言一行有哪些矛盾的地方呢？」或是一邊與對方討論「你現在覺得很棘手」的問題，一邊問對方「聽到這裡，你覺得哪些部分很矛盾呢？」。

話說回來，對方有可能很難啟齒，所以你要更積極一點，鉅細靡遺地告訴對方，你很想找出藏在內心深處的「情緒矛盾」，希望對方吐槽你「到底要怎樣啦？」不管是多麼瑣碎的事情也好。

有趣的是，人類雖然不太容易察覺自己的情緒有哪些矛盾，卻對別人的矛盾很敏感，能夠瞬間揪出別人的矛盾。證據就是只要某位知名人士失言，立刻就會在社群媒體被撻伐。

只要利用這種特質，就能從工作或生活有一定交集的別人口中，聽到自己有哪些矛盾：

- 你說的話與做的事情，總是不一樣
- 你明明之前說那樣，現在又說這樣
- 明明你嘴巴是這麼說，但覺得你心裡想的是那樣

這種拜託好友「吐槽」的溝通是挖掘隱形情緒的附加價值，可讓彼此更加熱絡與親近。

話說回來，就算彼此的感情不錯，平常也不太可能說什麼「喂，你怎麼這麼矛盾啊」，所以拜託別人「吐槽」，其實就是承認人類具有「很麻煩，但很可愛」的這一面，彼此應該會因此變得更親近。就這層意義來看，你應該拜託「想要打好關係的人」吐

槽你。

不過，就算是知心好友，還是不敢直接拜託對方的話，不妨想像自己就是那位朋友，試著自己吐槽自己，也是不錯的實驗。

「如果自己是這位朋友，會怎麼吐槽我呢？」光是想像這件事，就能從別人的角度客觀地審視自己，順利地啟動後設認知才對。

第六章

編輯情緒矛盾，找出問題的解決方案

6.1「編輯」情緒矛盾

6.2 編輯情緒矛盾的步驟

6.3 切換策略：猶如鐘擺的行動

6.4 因果策略：找出「因為是 A 所以出現 B」這類因果關係

6.5 包含策略：找出新的「情緒 C」

6.1 「編輯」情緒矛盾

透過「編輯」重新認知情緒矛盾

第六章要說明的是矛盾思考的層級②「編輯情緒矛盾，找出問題的解決方案」的方法。

矛盾思考的三個層級

—層級①包容情緒矛盾與消除煩惱
—層級②編輯情緒矛盾，找出問題的解決方案

層級③利用情緒矛盾，極限發揮創意

前一章說明了察覺藏在內心深處的隱形情緒，並且承認這種隱形情緒就是情緒矛盾，讓煩惱得以紓解的方法。不過，若只是接受現狀，就算心情變得輕鬆，明天還是得面對相同的現實。

所以本書要帶著大家解決藏在問題背後的情緒矛盾，幫助大家找到解決「棘手問題」的方法。

為此，我們需要「編輯」情緒矛盾這種思維。

一般人口中的「編輯」指的是整理複雜資訊的作業，但是矛盾思考的「編輯」是指進一步分析情緒矛盾之中的「情緒A」與「情緒B」的意義，從不同的角度觀察「情緒A」與「情緒B」之間的關聯。換句話說，就是讓兩種「互相矛盾」的情緒能夠並存，產生新的關係。

矛盾思考的編輯

進一步分析情緒矛盾之中的「情緒A」與「情緒B」的意義，從不同的角度觀察「情緒A」與「情緒B」之間的關聯。

「編輯」原本是在報紙、雜誌、漫畫、書籍、廣告、電視節目以及其他媒體製作內容所使用的詞彙。

「優質編輯」的定義是讓受眾能夠快速理解繁雜的資訊，以及帶給受眾「前所未有的觀點」，讓受眾從不同的角度理解事物。

比方說，下列的廣告文案就是絕佳範例。

「我的爸爸被桃太郎這傢伙殺死了。」

這是在日本新聞協會廣告委員會於二〇一三年舉辦的「新聞廣告創意大賽」榮獲冠軍的廣告作品「可喜可賀，可喜可賀？」的文案。

這是從惡鬼小孩的角度，述說眾所周知的《桃太郎》這個故事的手法，除了對受眾造成衝擊，也成功掀起了話題。

一直以來，我們都認為《桃太郎》是結局「可喜可賀」的故事，但其實從其他的角度來看就不一定是如此。就算桃太郎殺死惡鬼這個客觀的事實沒有改變，只要換個角度以及賦予全新的意義，就會讓人覺得真相不只一個。

這種改變對事物的認知，重新建構現實的手法稱為「重構」(reframing)。層級②的矛盾思考就是要「編輯」情緒矛盾，將兩種情緒彼此矛盾的「棘手問題」重構為能夠解決的問題。

情緒 A 是怎麼樣的感情呢？

情緒 B 還有別種形容嗎？

這兩種情緒真的只有「互相矛盾」的關係嗎？

換言之，就是透過上述的提問建構新的關係。

尋找「兩全其美」的劇本，而不是找出必須「犧牲某邊」的劇本

在編輯情緒矛盾的時候，有兩個要先知道的概念。

作為編輯前提的概念

1 尋找「兩全其美」的劇本，而不是找出某邊必須「犧牲」的劇本
2 以「線」的角度克服，而不是以「點」的角度克服

編輯情緒矛盾的前提之一，就是找出「兩全其美」的劇本，而不是找出某邊必須「犧牲」的劇本。

我們在面對情緒矛盾的時候，會不知不覺暗示自己「要滿足情緒A，就只能犧牲情緒B」。

本章將這種情況稱為**犧牲的劇本**。以【變化↕安定】這種情緒矛盾的基本模式為

圖表34　前提1：尋找「兩全其美」的劇本，而不是找出某邊必須「犧牲」的劇本

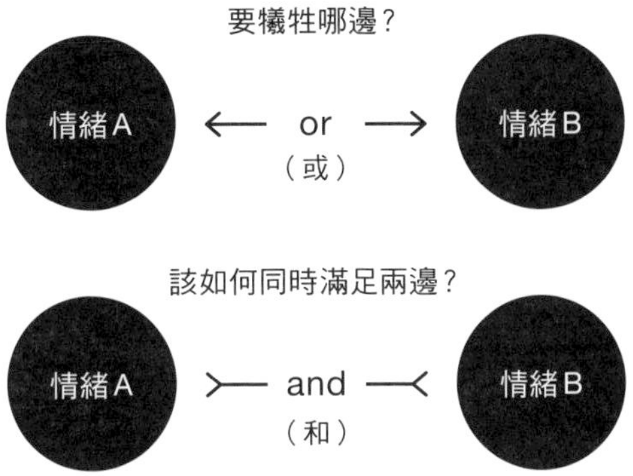

例，就是「想要改變，卻又不想放棄穩定」以及「想要穩定，卻又不想放棄變化」的劇本。

犧牲的劇本是以「選A還是選B」這個問題為前提，因此只會找到「以哪邊為優先？（選擇或是放棄）」的解決方案。換言之，這個前提無法讓我們找到「同時肯定A與B，然後解決問題的方法」，這兩種情緒也永遠無法得到滿足。

要想找到突破「棘手問題」的缺口，就得毅然決然遠離「犧牲的劇本」，採用**兩全其美的劇本**。兩全其美的劇本就是「只要換個角度，A與B應該就能同時滿足」的劇本。

以【變化↓↑安定】這種情緒矛盾的基本模式為例，就是思考「如何同時滿足想要變化

與穩定的欲望」這個問題。只要採用「兩全其美的劇本」，就能從一開始將所有心力灌注在描繪「讓兩種情緒都得到滿足」的願景。

犧牲的劇本

「要滿足情緒 A，就只能犧牲情緒 B。」

兩全其美的劇本

「只要換個角度，應該就能同時滿足 A 與 B。」

一如《桃太郎》這個故事還有「另一個真相」存在，「犧牲的劇本」充其量只是我們在面對情緒矛盾之際的「其中一種解釋」，並非「絕對的事實」。

簡單來說，都是我們自作多情，誤以為眼前的事件「只能透過犧牲某邊」才能解決。撰寫以「犧牲」為前提的劇本，再根據這個「犧牲」的概念扮演「主角」。

在「編輯」情緒矛盾的時候，必須拋棄「犧牲的劇本」，勇敢尋找「兩全其美的故事」。

以「線」的角度克服，而不是以「點」的角度克服

在編輯情緒矛盾的第二個前提，就是從「線」的角度認知情緒矛盾，而不是從「點」的角度認知情緒矛盾。

我們之所以會覺得情緒矛盾必須以「犧牲的劇本」解決，在於某個時間點的我們覺得情緒 A 與情緒 B 無法同時滿足。

只要活得更久，大概都能體會到「人生就是變化與穩定輪流出現」的經驗，可是當我們從中擷取「某個時間點」出來，就會突然發現變化與穩定「不可能同時存在」。

編輯情緒矛盾的祕訣在於要以「線」的角度認知情緒，而不要以「點」的角認知情緒，這也是將「犧牲的劇本」轉換成「兩全其美的劇本」的重點。

圖表35 前提2：以「線」的角度克服，而不是以「點」的角度克服

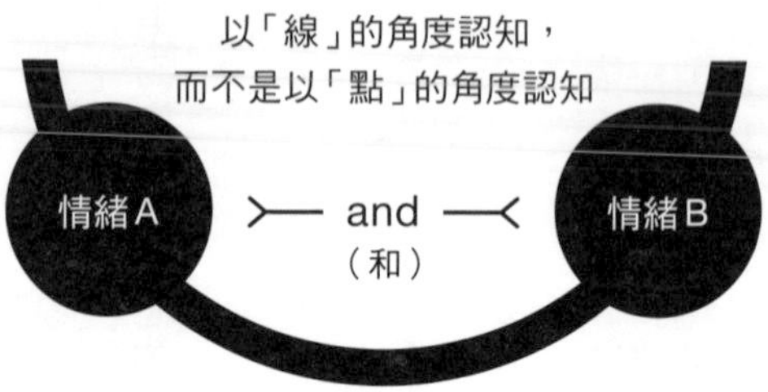

為了讓大家更了解什麼是從「點」進化到「線」，重新認知情緒矛盾，接下來要以「想減重，但是又想痛快地吃烤肉」這個卑鄙的例子解說。若以【變化↓↑安定】這種情緒矛盾的基本模式重新整理這個例子，可以得到下列的結果。

情緒A（變化）：差不多該重新檢視目前的飲食生活，開始減重了（想改變現狀）

情緒B（安定）：想繼續盡情地吃烤肉（不想改變現狀）

如果以「犧牲的劇本」為前提，並以「點」的角度認知情緒，就只會想到「不是只能減重，就是只能吃烤肉」這種互相衝突的想法，但這只是因為我們從

「點」的角度看問題，所以才只能得到這種解決方案。

說得直接了當一點，「要瘦下來，還是要變胖」並非單一時間點（「點」的角度）的選擇，而是一種生活習慣，一種具有「時間連續性的選擇」（「線」的角度）。

比方說，只要設定「想要盡情吃烤肉的那天，就提早一站下車，然後走路回家」這種規則，就能將「盡情吃烤肉」這件事放進「減重計畫」之中。

當我們拉長視線，重新以「線」的角度看待問題，選項就會變多，例如可設定只要努力控制飲食，一個月就可以有一天「盡情地吃想吃的東西」這種規則，而這種方法就是被稱為「作弊日」[35]的減重手段。

可能會有人覺得，這種減重的例子太過單純，「當然可以從線的角度看待問題啊」，可是當我們遇到很複雜的煩惱，陷入情緒矛盾的漩渦時，很容易不知不覺地以「點」的角度看待問題，所以只要能提醒自己，改以「線」的角度重新解釋問題，應

---

35 意思是在減重的停滯期設定一天可以隨意吃東西的手法。當我們控制飲食時，身體會陷入飢餓狀態，而這種手法可讓身體的代謝復活，還能紓緩壓力，所以對於長期的減重很有幫助。

該就能找到突破的方法。

重點就是徹底封印以「點」的角度看待問題的思維，重新以「線」的角度看待問題，這也是「編輯」情緒矛盾最基本的思維。

6.2 編輯情緒矛盾的步驟

編輯情緒矛盾的四個步驟

接著要根據上述的前提說明編輯情緒矛盾的步驟。具體來說，是依照下列四個步驟進行。

步驟一：找出犧牲的劇本

步驟二：深入探討自己的情緒

步驟三：釐清情緒 A 與情緒 B 的關連

步驟四：思考兩全其美的劇本

接著為大家依序說明這四個步驟。

步驟一：找出犧牲的劇本

第一步是「找出犧牲的劇本」。這個步驟的目的在於了解自己是不是覺得「要得到什麼，就得失去什麼」，從中了解這個劇本。

接下來會以第五章介紹的「在大企業擔任課長的四十幾歲男性」為例說明。先讓我們整理一下這個例子的重點：

- 這位四十幾歲一畢業就待在這間公司，十五年之後總算升上課長
- 工作雖然順利，卻與中途採用的二十幾歲部屬處不來，也因此很困擾
- 部屬沒有一心為了公司奮鬥，就算工作沒做完，只要下班時間一到就回家

● 雖然沒有違反公司的規則，但是部屬會將時間用在非公司規定職務以外的事情

● 無法認同部屬的工作方式，總是忍不住教訓部屬

這位課長使用第五章的層級①的矛盾思考，發現了內心存在著下列三種情緒矛盾。

【坦率↓↑愛唱反調】

希望自己像部屬那樣不受公司束縛，卻不想像部屬那樣草率的生活方式

【變化↓↑安定】

想要挑戰新的生活方式，卻害怕改變之前的做法

【自我本位↓↑他人本位】

肯定自己的職涯，但也想包容部屬

步驟一要根據上述的情緒找出「犧牲的劇本」。**重點在於釐清自己是否覺得「要得到什麼」就必須「捨棄什麼」**。

以上述的例子而言，就是這位男性「想重視自己的職涯與生存之道」，所以「不得不否定部屬」。換言之，這個犧牲的劇本可如下定義。

想重視自己的職涯，所以必須否定部屬。

如此一來就能找出犧牲的劇本。接著要繼續深入探討這個劇本。

步驟二：深入探討自己的情緒

雖然在步驟一鎖定了犧牲的劇本，但是還不清楚「情緒A與情緒B」的本體是什麼，也不知道「該兼顧什麼」，所以步驟二要找出「想要兼顧的重點」。

這個步驟的事前準備就是將剛剛的犧牲劇本的「情緒A與情緒B」置換成「肯定語氣的說明」，這是因為兼顧的劇本就是由肯定情緒A與情緒B建構的劇本。

情緒A：想重視自己的職涯
情緒B：想認同部屬的工作方式

接著要開始深入探討情緒A與情緒B。為了釐清「想要兼顧的重點」，請對這兩種情緒分別提出三個問題。

深入探討情緒矛盾的三個問題

問題①　能不能更具體地描述看看？（具體化）
問題②　為什麼想要滿足這種情緒？（原因）
問題③　什麼狀況算是滿足了這種情緒？（設定目標）

問題①　能不能更具體地描述看看？（具體化）

這個問題要讓情緒A與情緒B變得更具體。盡可能以具體的行動或是場景說明之後，可知道在這個情緒之下，到底「想做什麼」。

情緒Ａ：所謂的重視職涯，具體來說要做什麼？

●例如不要忙得沒時間思考之後的職涯規畫

情緒Ｂ：所謂認同部屬的工作方式，具體來說要做什麼？

●例如與部屬定期一對一面談，藉此認同他的工作

問題②　為什麼想要滿足這種情緒？（原因）

這個問題可幫助我們找出重視情緒A與情緒B的動機或原因。只要找到這類動機或原因，就能找到欲望的源頭。

情緒Ａ：重視職涯的原因是什麼？

●崇拜的上司總是以身作則，所以覺得很激勵

情緒B：想認同部屬的工作方式的原因是什麼？
●崇拜的上司總是包容自己這種部屬，所以自己才能成為課長

問題③　什麼狀況算是滿足了這種情緒？（設定目標）

情緒A與情緒B到達什麼狀態才算是滿足？這裡要分成「設定具體的目標」與「理想的目標」這兩個部分思考。

情緒A：重視職涯的目標狀態是什麼？
●具體來說，就是有時間規畫職涯
●最理想的狀態就是不用犧牲自己，能夠不斷挑戰的狀態
情緒B：認同部屬的工作方式的目標狀態是什麼？
●具體來說，就是有時間定期與部屬一對一面談

● 最理想的狀態：多包容部屬，公平地評價部屬在公司的工作方式

上述三個問題的答案可如下統整。大家是不是覺得，一開始曖昧不明的情緒變得更清晰了呢？如此一來，就能開始思考兼顧情緒A與情緒B的方法了。

【總結】

情緒A：想重視職涯

● 具體來說，想擁有規畫職涯的時間

● 理由是想模仿理想的上司，挑戰不同的事物

● 目標狀態則是能持續挑戰的狀態

情緒B：想認同部屬的工作方式

● 具體來說，希望有時間定期與部屬一對一面談，進一步了解部屬

- 理由是希望想理想的上司那樣，多包容部屬
- 目標狀態則是多包容部屬，公平地評價部屬的工作方式

步驟三：釐清情緒 A 與情緒 B 的關連

經過前述的兩個步驟之後，釐清了情緒 A 與情緒 B 的影響與內容，而步驟三則是要整理情緒 A 與情緒 B 的關連。具體來說，就在深入探討情緒 A 與情緒 B 之後，再次思考「真的只有犧牲的劇本嗎？」這個問題。

這裡的重點在於**思考能否將「犧牲的劇本」所使用的「詞彙」置換成其他的「敘述」**。這種「換句話說」的步驟就是掌握「重構」的關鍵。比方說，將「一成不變的職場」換成「無聊」或是「穩定」這類敘述之後，意思會大不相同。

進一步深入探討情緒 A 與情緒 B，可以找到更能形容這兩種情緒的詞彙，所以

可試著思考能不能試著「換句話說」。這次的示範將在步驟二不斷出現的詞彙置換成「挑戰」與「寬容」。

犧牲的劇本

想重視自己的職涯，所以不得不否定部屬

（肯定句：想重視自己的職涯，想認同部屬的工作方式）

情緒Ａ：「重視」→「挑戰」

情緒Ｂ：「認同」→「包容」

讓我們試著以置換之後的詞彙重新撰寫犧牲的劇本。

「想挑戰自己的職涯，卻沒辦法包容部屬。」

如此一來就會知道為什麼犧牲的劇本**行不通**。雖然挑戰與寬容還是有互相衝突的部分，但是在重新寫一遍犧牲的劇本之後，便會發現「這不是非 A 則 B 的問題」。在深入探討之前，滿腦子只有「重視與認同」，所以才會覺得「只能選擇重視職涯（或是只能包容部屬）」，這就是典型的「點」的劇本。

不過，若是「挑戰與寬容」就不會是「點」的劇本，換言之，「找到了得以兼顧的路線」。像這樣深入探討情緒 A 與情緒 B，再以更適當的詞彙描述這兩種情緒，就能讓「犧牲的劇本」轉型為「兩全其美的劇本」。

步驟四：思考兩全其美的劇本

在經過前面的三個步驟之後，可將情緒矛盾整理成下列的內容。

【劇本的變化】

為了重視自己的職涯而不得不否定部屬

↓想要挑戰工作，也想包容部屬

【總結步驟一至三】

情緒Ａ：想重視職涯（想在職場有所挑戰）

●具體來說，想擁有規畫職涯的時間

●原因：想模仿理想的上司，挑戰不同的事物

●目標狀態則是能持續挑戰的狀態

情緒Ｂ：想認同部屬的工作方式（想包容部屬）

●具體來說，希望有時間定期與部屬一對一面談，進一步了解部屬

●原因：希望想理想的上司那樣，多包容部屬

●目標狀態則是多包容部屬，公平地評價部屬的工作方式

一開始曖昧不明，看似不可能兼顧的情緒矛盾也在經過前述的三個步驟之後，找

圖表 36　尋找「兩全其美的劇本」的三種策略

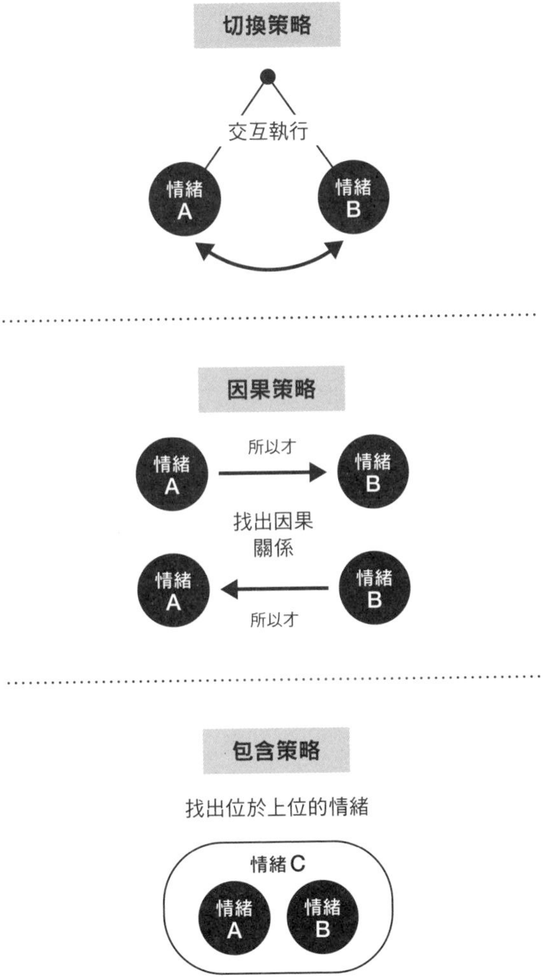

到了兩全其美的線索。接下來總算要將「犧牲的劇本」編輯成「兩全其美的劇本」。思考兩全其美的劇本，會使用「切換策略」、「因果策略」和「包含策略」這三種具體的策略。

1 切換策略

這是試著讓針對情緒 A 與情緒 B 採取的行動互相交換的策略。在短時間之內快速切換，宛如在「同時間」採取兩種行動，或是像鐘擺般，以固定的節奏輪流執行這兩種行動，最終就能兼顧這兩種情緒。

切換策略可解決「沒時間兼顧兩種情緒」的不安，讓兩種情緒得以得到滿足。

2 因果策略

這是找出情緒 A 與情緒 B 之間的「因果關係」，將原本「A 或 B」的關連，重新解釋成「因為 A 所以才 B」或是「因為 B 所以才 A」的策略。也就是預設這兩種情緒具有「目的與手段」這類關連，再進一步撰寫兩全其美的劇本。

因果策略能夠在針對情緒 A 與情緒 B 採取行動之後，消除「力量該不會分散了吧？」的疑慮，讓情緒 A 與情緒 B 產生綜效。

3 包含策略

這是找出同時肯定情緒 A 與情緒 B 的情緒 C 的策略。乍看之下，情緒 A 與情緒 B 似乎彼此矛盾，但只要找出包含這兩種情緒的上位情緒，就能找到簡單明瞭的兩全其美之道。

包含策略可在產生「很難兩全其美，必須放棄某一方」的不安時，找出希望兩全其美的「欲望源頭」，在情緒 A 與情緒 B 仍然糾纏不清的情況下，找到具體的解決方案。

6.3 切換策略：猶如鐘擺的行動

透過簡單的「切換策略」兼顧兩種情緒

第一個「切換策略」就是讓針對情緒 A 與情緒 B 所採取的行動如同鐘擺般互相切換的策略。這種方法可消除「沒有時間兼顧兩種情緒」的不安，幫助自己「能夠針對這兩種情緒採取行動」。

「切換策略」是前述三種策略之中，最為初階的策略，但也正是因為簡單，所以能夠更快採取行動，若想讓自己放下「A 或 B」這種犧牲的劇本，讓分析情緒矛盾的觀點從「點」切換成「線」，請大家務必試試這個方法。

圖表 37　切換策略的重點

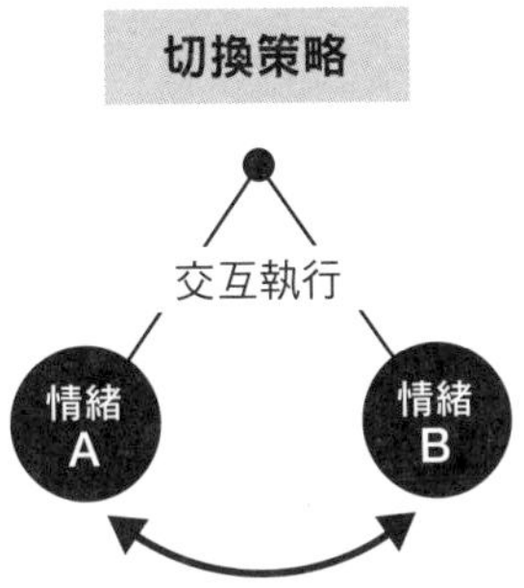

切換策略的目的在於讓情緒 A 與情緒 B 各自獨立，再同時滿足這兩種情緒，所以無法營造「情緒 A 與情緒 B 的綜效」，但的確是能對症下藥的解決方案。

執行切換策略的步驟

在執行切換策略時，必須預留能夠執行雙方策略的資源，以及決定切換的時間點，所以讓我們透過下列的步驟思考預留資源、理想的時間點以及切換行動的條件這些重點吧。

1 確認現有的資源（時間）

2 思考追加的資源（人力、物資、資金）

3 思考切換的「時間軸」

4 設定切換的「條件」

1 確認現有的資源（時間）

要預留現有的資源（時間），就必須先了解自己「平常如何分配使用」。具體的做法就是使用行事曆手冊，以及利用顏色標記不同的屬程。建議大家試著將行程或是分配時間的方法分成下列三大類。

- 分配給情緒A的時間（例：留給自己的時間）
- 分配給情緒B的時間（例：留給部屬的時間）
- 分配給其他事情的時間

或許大家之前都不知道「自己有多少時間能夠使用」，也因此感到不安，所以執行上述這個步驟，就能釐清下面這兩件事。

①知道自己在情緒 A 與情緒 B 分配了多少資源

②有沒有資源能夠分配給情緒 A 與情緒 B

如果你是公司的管理職，也有【自我本位↓↑他人本位】這類情緒矛盾，就能透過上述的步驟了解「留給自己的時間」以及「留給部屬的時間」各有多少，說不定也能發現自己明明想要「多花點時間打造屬於自己的職涯」，卻花了更多時間「栽培部屬」。

要想執行切換策略，就必須先根據現況，具體掌握「現有的資源」。

2 思考追加的資源（人力、物資、資金）

假設在了解目前的時間分配之後，發現資源不足，就必須思考能否「追加資源（人力、物資、資金）」這個問題。

具體來說，可透過下列三個問題思考。

●追加人力能否省出資源？

你手上的工作能否交給別人？

●追加物資能否省出資源？

採用新系統能否節省時間？

●追加資金能否省出資源？

增加預算能否多留一點時間給自己？

可一邊瀏覽利用顏色標記行程的行事曆手冊，一邊思考「這些工作真的非自己不可嗎？」「沒辦法騰出時間或是精力嗎？」要想執行切換策略，能兼顧兩種情緒的資源當然是多多益善。

此外，也可以思考能否從「情緒 A 與情緒 B」的時間騰出執行「其他事情的時間」。或許我們不太願意將「情緒 A 的時間分配給情緒 B」，但可能比較願意將「時間分配給其他的事情」，所以大家不妨看著行事曆手冊，思考有沒有時間可以做其他的事情。

綜上所述，執行「切換策略」的關鍵在於有沒有足夠的「資源」。在告訴自己「沒時間兼顧兩邊，只能放棄一邊」之前，請先掌握分配時間的方式，預留能夠兼顧兩邊的資源。

3 思考切換的「時間軸」

預留執行切換策略所需的資源之後，接著要思考切換策略的時間點。一開始要先確定「切換策略的時間軸」。比方說，是要「在一天之內切換情緒A與情緒B的策略」還是要以「一年為單位」，時間單位的長短會影響接下來採取的行動。

就算覺得「今天花太多時間在部屬身上，都沒時間思考自己的事情」，只要將切換策略的時間軸放大成「一週」，就能切換思考的角度，告訴自己「明天多花一點時間在自己身上」。

由此可知，切換策略能夠調整時間軸的長度，幫助我們「幾近同時地執行兩種策略」以及「輪流執行兩種策略」。在設定切換策略的時間軸時，建議大家以「日」、「週」、「月」和「年」這四種長度不一的時間軸，思考所有可行的模式：

日：清晨的時段一定「留給自己」

週：星期一的時候，「多留一點時間給部屬」，星期四的時候，「多留一點時間給自己」

月：將每週的前半段設定為「栽培部屬」的時間，後半段設定為「留給自己的時間」

年：這個月以「栽培部屬」為優先，下個月以「投資自己」為優先

思考所有可行的模式，就能擬定具體可行的切換策略。切換策略的時間軸不一定只能一個，可同時設定「以年為單位」或「以日為單位」的時間軸。建議大家先針對情緒矛盾設定長度適當的時間軸。

4 設定切換的「條件」

設定切換策略的「時間軸」之後，接著要針對「時間軸」設定「切換的條件」。所謂「切換的條件」是指「這個目標達成，就切換到這邊」、「結果低於這個目標，就切換到這邊」這類「規則」。

以先前的課長為例，就是設定「如果在一週之內，無法花三個小時思考職涯，下週就多留一點時間給自己」這種規則。

為了讓大家更了解設定條件的方法，讓我們試著以新冠疫情的例子說明吧。比方說，對抗新冠疫情的對策通常會以「感染人數」、「病床使用率」這類指標分及，一旦「感染人數達一定程度以上，就會切換成二級警戒」，如果「感染人數降至一定程度，就會切換成一級警戒」。由此可知，新冠疫情的對策也是根據這些「切換的條件」，兼顧「經濟」與「健康」這兩個層面，換言之，要想順利執行切換策略，就必須先設定切換的條件。

設定條件的祕訣在於具備**危險水域**這個概念。所謂「危險水域」是指情緒 A 與情緒 B 完全失衡，某邊的情緒陷入危機的狀態。為了回避這種危機，不妨告訴自己「如果在一個月之內，思考職涯的時間低於某個值，就要重新設定切換的規則」。

在設定條件時，可試著以不同的主詞設定，比方說「自己」、「別人」、「環境」都是可使用的主詞，也可以試著組合「主詞」與「狀態」，設定「部屬若是這種狀態就這樣做」、「工作成果若是那樣就那麼做」的條件，雖然要設定細膩的條件很困難，但還是請大家釐清「在什麼狀態下，就要亮起黃色燈號」吧。

像這樣事先設定「切換的條件」（尤其是危險水域），就能在情緒 A 與情緒 B 無法維持平衡時，快速地響起警報與按下切換開關，如此一來就能像是鐘擺一般，隨時切換策略，針對情緒 A 或是情緒 B 採取適當的行動。

切換策略可讓我們擺脫「做什麼都很憂鬱」的狀態

以上就是切換策略的說明。「切換策略」雖然是第一步，卻也是非常重要的一步，能幫助我們將觀察情緒矛盾的角度從「點」切換成「線」，我們也就不會再因為平日的活動而忽喜忽憂，也能每天開心地生活。

一旦知道「這段時間屬於情緒A」，確定該怎麼分配資源，就不會為了「想做的是屬於情緒B的事情，但是現在在做的是屬於情緒A的事情」而煩惱。換言之，若不採用切換策略，就會不斷地發生下列的煩惱。

- 在做與情緒A有關的事情時，「沒辦法兼顧情緒B」
- 在做與情緒B有關的事情時，「沒辦法兼顧情緒A」

若以剛剛四十幾歲的課長為例，就會出現下面這類問題。

● 要是以職場或部屬的事情為優先，就得犧牲自己的時間
● 為自己多留一點時間，職場與部屬的事情就得延後，然後覺得很自責

如此一來，很可能在不知不覺之中，陷入「不管做什麼都很憂鬱」的困境，所以**能釐清「現在為了什麼事情使用資源」，讓我們專心做該做的事**，進而讓當下的表現提升到極致正是切換策略的一大優點。

6.4 因果策略：找出「因為是A所以出現B」這類因果關係

目標是「一石二鳥」的「因果策略」

接著要說明的是「因果策略」。因果策略的目的在於從A與B之間找出「因為A所以B」或是「因為B所以A」這種隱藏的因果關係。

因果策略與「切換策略」的最大差異在於能創造情緒A與情緒B的「綜效」。

讓我們以【自我本位↓↑他人本位】模式為例，比較切換策略與因果策略吧。

圖表 38　因果策略的重點

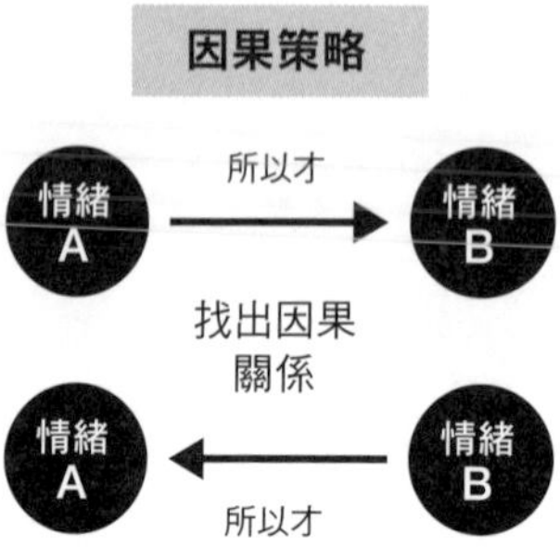

比較切換策略與因果策略

切換策略：「為了自己預留時間」與「為了別人預留時間」，然後輪流執行相關的行動

因果策略：執行「為了幫助自己而讓別人受惠」、「為了幫助別人而自己受惠」這種「一石二鳥」的解決方案。

切換策略會分別執行與情緒A、情緒B相關的行動，但是因果策略則「斷定」這兩種情緒具有某種關連，所以會擬定針對其中一種情緒採取行動，另一種情緒就能得到好影響的解決方案。

或許有人會覺得像切換策略那樣採取兩種不一樣的行動，「心力會不會分散」，但是因果策略卻會將兩者的行動編輯為「必然的劇本」，思考之前沒想到的「一石二鳥」的解決方案，這也是因果策略的一大特徵。

犧牲的劇本：為了A，所以不得不犧牲B

必然的劇本：因為A，所以才B

因果策略會試著將情緒A與情緒B的關連，編輯成「必然的劇本」，所以難度也相對提高。情緒A與情緒B的關連，必須具備「邏輯與整合」，有時候還得發揮「玩心」，將乍看之下毫無關聯的兩種情緒串連起來。因果策略是能同時感受「重構」有多麼困難，以及過程有多麼有趣的策略。

執行因果策略的步驟

執行因果策略的步驟如下：

1 套入「因為A所以才B」或「因為B所以才A」

2 讓「必然的劇本」更加具體

此時的重點在於從情緒A與情緒B找出何者為「目的」，何者為「手段」。讓我們試著以下面的例子說明。

模式【自我本位↔他人本位】

「為了幫助自己，所以別人才受惠。」

「為了幫助別人，所以自己才受惠。」

上述這兩種模式看似相似，但是在「最終目的」是「為了自己」還是「為了別人」這點大不同。這個步驟要選擇「自己認為的正確答案」，試著讓「必然的劇本」更加具體，從中找出「一石二鳥」的解決方案。接著就為大家說明具體的步驟。

1套入「因為A所以才B」或「因為B所以才A」

第一步就是將情緒矛盾套入「因為A所以才B」或是「因為B所以才A」的解釋之中。

讓我們試著以【以大局為重↓↑短視近利】的模式，思考「為了職涯而煩惱的年輕員工」的例子吧。這位年輕員工希望擔任廣告企畫人員這類企畫方面的工作，卻被公司派到業務課跑業務，也勉強地撐過了兩年。由於沒有任何人事調動的跡象，所以他便開始煩惱，是要咬著牙向上司提出調往企畫工作的申請，或是乾脆跳槽到以企畫工作為主的公司。

另一方面，他也慢慢地覺得跑業務還蠻有趣的。雖然到目前為止沒有締造什麼了不起的成績，但好歹已經做了兩年，想試著在接下來的第三年做出一點成績。

【以大局為重↓↑短視近利】情緒矛盾

「想調至企畫類型的工作（或跳槽），也想在目前的業務工作做出成績」

第一步要做的是將自己的情緒矛盾套入「因為A所以才B」或「因為B所以才A」的解釋之中。在套用的時候，務必兩者都套用，之後再試著想出一、兩個有可能符合這個劇本的狀況。

「因為很努力跑業務，所以才能擔任企畫工作。」

- 跑業務得到的經驗或許能在從事企畫工作的時候應用
- 在業務部得到好評，才有機會調到想要的部門

「因為想要成為企畫人員，所以才能在業務工作做出成果。」

- 沒想過要在業務課飛黃騰達，所以才能在跑業務的時候保持平常心
- 若是運用企畫的巧思，或許能締造與其他業務員不同的成果

接著從上述的解釋之中，確定情緒A與情緒B，哪個是「目的」，哪個是「手段」，此時要選擇的是**自己最能認同的答案**。就客觀而言，情緒A與情緒B有可能

同時是目的與手段，所以才需要選擇「最能認同的答案」。

以這次的例子而言，年輕員工採用了「因為很努力跑業務，所以才能擔任企畫工作」這個解釋。的確，「跑業務的經驗有可能於未來的企畫工作應用」的思維的確比較容易理解。

另一方面，沒有選擇的選項也有可能藏著解開情緒矛盾的線索。大部分的人都會覺得「本來就無心跑業務，當然跑不出什麼成果」，但這也意味著「就是因為之後要挑戰其他職業，所以才要盡力挑戰現在的職業，最終也有可能締造成果」。這也是很有可能的劇本，當然也有討論的餘地。

沒有選擇的選項也有可能找到意料之外的觀點，是因果策略的特徵之一。

2 讓「必然的劇本」更加具體

確定情緒矛盾的「目的」與「手段」之後，接著要將情緒矛盾編輯成更具體的「必然的劇本」。讓我們以剛剛的例子解說。

「因為很努力跑業務，所以才能擔任企畫工作（想出好的企畫）。」

●跑業務得到的經驗或許能在從事企畫工作的時候應用

●在業務部得到好評，才有機會調到想要的部門

要編輯成必然的劇本，就是要**自行設計手段，以便達成目的**。以這次的例子來說，就是自行設計「跑業務的方法」（手段），才能「成為企畫人員（想出好的企畫）」（目的）。

在此要針對「跑業務得到的經驗或許能在從事企畫工作的時候應用」這點，思考更具體的劇本：

●在跑業務的時候，不要只是想著讓顧客購買服務，還要試著問出顧客的潛在需求。試著找出顧客「對公司（或是服務）的期待」或是「對於目前的服務有哪些不滿意的部分」，並且將這些資訊記錄下來。

●試著記錄這些資訊以及想到的企畫。如此一來，不僅能在跑業務的時候，針對

顧客的需求提供說明，還能為顧客提出與執行新的企畫。

在此時比較切換策略，就能更了解因果策略的特徵。切換策略不會找出情緒 A 與情緒 B 的關連，所以會得出下列的具體方案。

●平常專心跑業務（不會思考與企畫工作有關的事情）
●趁著周末學習與企畫工作有關的知識（不會特別思考與業務工作有關的事情）

這個方法當然也能滿足情緒 A 與情緒 B，但是兩邊的行動沒有關連。反觀因果策略則是以「改變跑業務的方式，就有機會擔任企畫人員」的心態，同時肯定情緒 A 與情緒 B 的解決方案，這也就是「一石二鳥」的解決方案。

以這次為例，就是透過「在跑業務的時候，詢問與記錄顧客的潛在需求」這種解決方案，將情緒矛盾重新編輯成「必然的劇本」，但其實要讓「因為很努力跑業務，所以才能擔任企畫工作（想出好的企畫）」的劇本實現有很多種方法。一邊思考「到底該如何設計手段，才能達成目的呢？」一邊不斷地嘗試與失敗正是因果策略最迷人之處。

矛盾的基本模式與「因果策略」

到目前為止，說明了因果策略的步驟。接的要試著透過矛盾的基本模式說明應用因果策略的祕訣。

在執行因果策略時，必須在將情緒矛盾套入「因為A所以才B」與「因為B所以才A」之後，找出何者為「目的」，何者為「手段」，而矛盾的基本模式能幫助我們釐清目的與手段。

以【顧全大局↓↑短視近利】這個模式為例，「顧全大局」的部分通常是目的，「短視近利」的部分通常是手段。讓我們試著思考以下的情緒矛盾：

例：「為了長程的計畫，必須設計短程的執行方式。」

例：「為了顧及全局，必須設計局部的執行方式。」

由此可知，我們可以透過情緒矛盾的基本模式找出在某種程度上，符合因果策略的套用規則。若是以【坦率↓↑愛唱反調】這種模式為例，想要變得「坦率」的部分通常會是因果策略之中的「目的」。在將情緒矛盾套入因果策略的時候，思考雙方的可行程度固然重要，但是因果策略的特徵在於可快速找出最終的方向。

至於在其他的模式之中，雙方都是可行的，說得更正確一點，「思考雙方的可行程度」正是動搖自己的想法，讓自己進一步思考自己的目的為何的契機。以【變化↓↑安定】模式為例，有些人會因為「到底是該創業，還是留在公司工作」而陷入迷惘，此時就能想出下列兩種情況。

● 就是因為想創業，所以才能留在公司繼續努力

● 就是因為在公司很努力，所以才能創業

重新思考這兩個情況時，有可能會變得更混亂，更不知道哪邊才是目的。不過，這個思考流程正是讓自己進一步思考「自己真正想要的是什麼」。

這與四十幾歲的課長的情緒矛盾【自我本位↓↑他人本位】是一樣的。

● 正因為想挑戰自己的工作，所以才能包容部屬

● 正因為能包容部屬，所以才能進行挑戰

思考雙方的可行程度，自己的目的就會變明確。由此可知，在思考因果策略時，可以參考情緒矛盾的基本模式，還請大家務必參考看看。

利用玩心編寫「必然的劇本」

因果策略是將情緒 A 與情緒 B 編輯成像是原本就必定發生的劇本，然後從中找出解決方案的方法。有些像是【顧全大局↕短視近利】這種相對單純，能快速釐清「目的與方法」的情緒矛盾，有些則很難迅速界定目的與方法。

此時我們需要的就是「玩心」。所謂的「玩心」是指思考「咦？有這種關連嗎？」的情節，並且樂在其中。這是在思考必然的劇本時，一定要學會的技巧。

為了方便介紹，在此要以「太空戰士 XIV」（以下簡稱 FF14）的開發與重新振作的小故事[36]進行說明。

《FF14》是日本遊戲公司史克威爾推出的系列遊戲，由於這個系列非常受歡迎，

36 這段內容是根據朝日電視台《不小心失敗的老師 不要變成像我這樣的人!!》（しくじり先生俺みたりいをるを!!）#122：製作人古田徹底說明 FF14！！太空戰士 14 的失敗課程《史克威爾全面協助》（スクウェカ・エニックス全面協力）所寫。

所以在FF14推出之前，所有玩家都非常期待。不過，當FF14正式推出之後，卻被玩家罵得很慘，因為遊戲有很多錯誤，故事也有很多問題。製作人吉田直樹在陷入這種困境時，被迫面對下列兩個問題。

- 是要修正目前的遊戲再繼續銷售
- 還是以相同的名稱，從零開始製作

吉田先生先是以「切換策略」面對這個問題。具體來說，他成立了兩個小隊，分頭解決不同的問題。

- 修正現存遊戲的「殺力隊」（修正現有的FF14）
- 從零開始製作遊戲的「重生隊」（製作全新的FF14）

雖然這兩個小隊分頭進行自己的工作，但還是決定讓「現有的FF14」在幾年之後結束，更新為「全新的 FF14」。不過，光是更新遊戲，會讓玩家誤以為只是換湯不換藥。

因此這個大團隊開始思考「現有的 FF14（舊世界）結束，新生的 FF14（新世界）誕生的必然是什麼？」因為這個大團隊想要將這個必然植入遊戲情劇之中。這簡直與「因果策略」是如出一轍的思維。

這個大團隊當然不可能一開始就打算以新代舊，所以要想出必然的劇本也沒那麼容易。不過，這個大團隊以「改變想法，享受困境」這個口號激勵自己，不斷地思考必然的劇本。

最終他們想到的是「讓隕石掉落在現有的 FF14 世界，讓舊世界毀滅，進入全新的世界」這個劇本。這真的是會讓人驚訝地問「咦？可以這樣喔？」的劇情。不過，這個劇本可讓現有的 FF14 結束，又能讓新的 FF14 誕生，這真的是充滿驚喜的「一石二鳥」之計。

在想到這個劇本之後，這個團隊便在現有的 FF14 世界追加了「隕石慢慢接近世界」的劇情，然後在新的 FF14 追加了「原本該毀滅的世界，為什麼還能繼續存在」

的解謎元素，讓新舊世界互相映襯。

就算是乍看之下，找不出解決方案的問題，只要秉持著「玩心」，就能編寫出「必然的劇本」。

這種充滿玩心的「必然的劇本」也能帶來更多意想不到的創意。請大家務必參考這個小故事，帶著玩心思考必然的劇本。

6.5 包含策略：找出新的「情緒C」

找出「上位C」的解決方案的「包含策略」

最後要介紹的是「包含策略」。這個策略是肯定A與B，再將包含兩者的C置於高位的方法。找出情緒C就能規避「被迫放棄兩全其美的危機」，也能擺脫糾葛，找出具體的解決方案。

之前的兩個策略都是預設只有情緒A與情緒B，然後根據這兩種情緒思考具體的解決方案。但是，若能找到第三種足以包容A與B的「情緒C」，就能找到無法在情緒A與情緒B之中找到的新思維。

圖表39　包含策略的重點

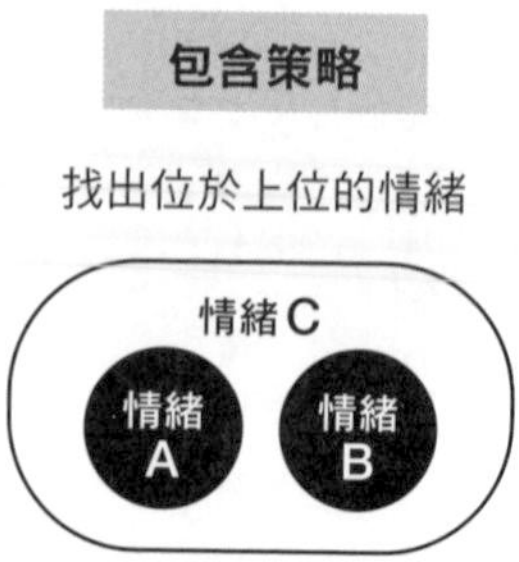

此外，情緒C對情緒A與B也能發揮綜效。情緒C是想要達成情緒A與B的「欲望泉源」，所以不僅能提升動力，還能幫助我們找到具體的可行方案。

包含策略算是「進階版」的策略，可用來處理「組織層級的問題」，換言之，能夠超越「我」或「你」這個框架，針對包含我與你的「組織」，處理「接下來我們該怎麼辦」的問題。

這個包含策略雖然具有其他策略所沒有的巨大優勢，但是難度也更高，這是因為要將情緒A與B當成後設認知的一部分，思考包含情緒A與B。

要將情緒A與B當成後設認知的一部分，就必須具備抽象化眼前事物的能力，所以要以C概括A

與Ｂ，除了需要突發奇想的創意，還必須察覺自己在情緒Ａ與Ｂ之下的價值觀。

要善用包含策略需要進階的能力，也需要熟悉這個策略。一旦能靈活運用包含策略，除了能消除自身的情緒矛盾，還能找出新的解決方案，解決組織層級的問題。由於這是非常迷人的方法，還請大家根據本書的方法，試著實踐看看。

執行包含策略的步驟

接著為大家說明包含策略的步驟。首先介紹的是處理個人層級的情緒矛盾的步驟。

1 思考想要兩全其美的「欲望」源自何處
2 找出「上位Ｃ」的解決方案

要找出包含策略，就必須先找出包含情緒Ａ與Ｂ的「原始情緒」。比方說，詢問自己「為什麼會想繼續挑戰，又想包容部屬」，也就是思考「想要兼顧A與B的欲望來自何處」這個問題。

情緒C可幫助我們找到之前想都沒想過的「上位C」的解決方案，能讓我們從另一個角度觀察情緒A與B的解決方案，提高我們解決問題的動力，而且還能幫助我們跳脫情緒A與B的框架，找到滿足情緒C的解決方案。

1思考想要兩全其美的「欲望」源自何處

實行包含策略的第一步就是思考想要兩全其美的「欲望」源自何處。如果心中沒有這個問題的答案，不妨先問問自己以下三個問題：

問題①「想要成為什麼樣的自己」？

問題②「真正的目的」是什麼？

問題③ 何謂「理想」的狀態？

大家應該已經發現，這些問題的難度遠遠高於之前的策略。要執行包含策略就必須跳脫情緒Ａ與Ｂ的框架，**重新問自己為什麼會產生這兩種情緒**。

為了找到這個問題的答案，讓我們以剛剛介紹的【顧全大局↕短視近利】模式，以及「現在是業務員，但未來想要從事企畫工作的年輕員工」為例，思考這個問題：

情緒Ａ（大局）：未來想要擔任企畫工作，所以想要調部門或是換公司

情緒Ｂ（短視近利）：想在業務工作創造成績

包含策略要尋找「包含這兩種情緒的上位情緒」。讓我們以剛剛的三個問題進一步思考：

問題①　想要透過工作「成為什麼樣的自己」？

問題②　想要透過工作達成的「真正的目的」是什麼？

問題③「理想的職涯」是怎麼樣的職涯？

假設思考這些問題之後，該名年輕員工發現自己「想透過自己的工作讓更多人綻放笑容」。當他進一步思考理由，才發現這一切源自小時候的體驗。

● 小時候的自己很常生病，沒辦法常常出門玩，所以沒什麼朋友，也覺得很痛苦
● 父母親買了某個玩具給他，讓他玩得很開心，也暫時忘記的煩惱
● 而且還偶然地遇到擁有相同玩具的人，也與對方成為朋友
● 因為有了如此美好的經驗，所以才想成為讓別人綻放笑容的人

回顧幼年時期的經驗之後，這位年輕員工發現自己有「想透過自己的創意讓更多人有機會彼此交流以及綻放笑容」的情緒C。

這種情緒C就是這位年輕員工的「欲望泉源」。之所以會為了「該從事企畫工作還是業務工作」而煩惱，全是因為自己想讓工作相關的人綻放笑容，而且也覺得，如

果自己的工作能讓更多人彼此交流，是無可取代的快樂。

只要找到這個「欲望泉源」，也就是所謂的「情緒C」，就能找到前所未有的解決方案。

2找出「上位C」的解決方案

一旦找到「想透過自己的創意讓更多人有機會彼此交流以及綻放笑容」這個情緒C，就能創造兼顧情緒A與B的綜效。

情緒C：「想透過自己的創意讓更多人有機會彼此交流以及綻放笑容」
↓情緒A：未來想要擔任企畫工作，所以想要調部門或是換公司
↓情緒B：想在業務工作創造成績

一旦站在「情緒C」的角度觀察下層的情緒A與情緒B，就會發現問題不只是

「業務工作」或「企畫工作」這種「職種」：

- 就算從事企畫工作，如果無法讓「更多人彼此交流與綻放笑容」，情緒也**無法得到滿足**。
- 就算是從事業務工作，「只要能透過自己的建議達成讓更多彼此交流與綻放笑容」，情緒**就能得到滿足**。

如此一來，就能知道自己真正想要的是什麼。一旦知道自己想要的是什麼，就能自行規畫與情緒A、B有關的行動。比方說，在從事業務工作的時候，能順便想到下列這些事情：

- 將「業務的提案」視為「激發創業」的行動之一
- 找出顧客「真正的煩惱」，想出讓顧客綻放笑容的提案
- 思考自己能否成為「人與人交流的橋樑」，幫助別人解決問題

接著就是思考未來的企畫工作。情緒C能幫助這位年輕員工釐清企畫工作的工作方式。整理產生情緒C的幼年體驗之後，可得到下列兩個重點：

●「體弱多病，沒辦法出門玩。」
↓這是很難憑努力克服的問題

●「很寂寞是因為不能出門玩，也沒辦法交朋友。」
↓孤獨很痛苦

根據上述的經驗可以找到下列這兩個主軸。這兩個主軸不僅可於企畫工作應用，也能於業務的提案應用：

●遇到無法憑一己之力無法解決的問題時，有沒有能解決這類問題的創意？

●有沒有能拉孤獨的人一把的創意？

像這樣找到「情緒C」之後，就能針對情緒A與B採取新的行動，也能提高採取新行動的動力。

進一步思考直接滿足「情緒C」的方法之後，就能找到無法在「情緒A與B」之中找到的創意。比方說，能夠思考下列問題：

- 除了「業務」與「企畫」之外，還有沒有別的「職種」或「工作方式」能夠滿足情緒C？
- 除了公司的工作之外，社區的志工、副業、兼職能不能滿足情緒C？

之前的「切換策略」與「因果策略」都是以「業務工作與企畫工作」為前提，建構兩全其美與必然的劇本，但是包含策略卻能突破這兩個框架，找到前所未有的創意。找到「情緒C」就能找到前所未有的「上位C」的解決方案。

應用篇：領導者的「包含策略」

接著要說明的是「包含策略」的應用篇，也就是思考組織層級的問題。組織層級的問題會在解決【自我本位↕他人本位】這類情緒矛盾的時候出現，換言之，在釐清「我」與「你」的關連之際，就會遇到組織層級的問題。若是以前述四十幾歲的課長為例，就可以得出下列結果：

情緒A：想重視自己的職涯（想在職場進行一些挑戰）

情緒B：想認同部屬的工作方式（想包容部屬的做法）

情緒C：希望打造一個誰都能進行挑戰，包容各種工作方式的職場

將連接「我」與「你」的「職場」設定為主詞，也就是設定為「自己的情緒C」之後，可得到「誰都能進行挑戰，包容各種工作方式的職場」這個定義。

這種利用包含策略解決組織問題可說是領導者的課題[37]。思考「我們到底該往哪裡走？」是一種「分享願景的行動」[38]，而這類行動也是優秀的領導統御之一。由此可知，包含策略是能用來領導團隊的思維。

思考組織層級的問題時，可依照下列步驟思考：

1 思考我們的「欲望泉源」
2 釐清對於組織「內部」與「外部」的情緒C
3 找出適用於團級的「上位C」的解決方案

與個人層級不同的是，主詞從「我」換成「我們（例如職場）」。在思考組織層級的「欲望泉源」時，團隊一起思考會比一個人思考來得更有效率。

組織層級的情緒C大致分成兩種，一種是「希望組織改造成某個理想的狀態」，也就是投向「組織內部」的情緒，另一種則是「希望提供某種價值」這種面對「組織外部」的情緒。釐清這兩點就能找出「上位C」的解決方案。

1 思考我們的「欲望泉源」

一開始要思考的是「我們的欲望泉源為何？」這裡的「我們」可以是「職場」、「公司」或是不同層級的單位，但一開始先從「小單位」思考會比較容易切入。一開始與思考個人層級的問題一樣，可以先思考下列三個問題：

問題① 「職場應有的模樣是什麼」？

問題② 想在這個職場實現的「真正的目的」為何？

問題③ 這個職場的「理想」狀態為何？

---

37 領導力是指「為了在職場與團隊達成目標而觸及其他成員的影響力」。石川淳（二〇一八）〈領導力研究最前線：領導力教育的理論研討〉；舘野泰一、高橋俊之編輯《領導力教育前線【研究篇】：讓高中生、大學生、社會人士得以成長的「屬於所有人的領導力」》北大路書房。

38 《模範領導》詹姆士・庫塞基、貝瑞・波斯納合著（二〇一四）繁體中文版由臉譜出版在回答這三個問題時，可使用在本章第二節的步驟二所使用的「挖掘藏在深處的情緒」這個技巧。以前述四十幾歲的課長為例，情緒A與情緒B都得到滿足的「狀態」可分成下列兩種：

情緒A：想重視職涯（想在職場有所挑戰）

●最終目標就是能一直挑戰新事物的狀態。

情緒B：想認同部屬的工作方式（想包容部屬）

●最終目標就是能多包容部屬，公正地評估部屬的狀態

根據這兩個最終目標就能設定下列這類情緒C。只要能成功設定情緒C，就能與思考個人層級的問題的時候一樣，想出具體的解決方案。

情緒C：希望打造一個誰都能進行挑戰，包容各種工作方式的職場

在處理組織層級的問題時，依照前述的方式將「職場」設定為主語，再依照思考個人問題的方式，尋找「欲望泉源」就能找到情緒C。

另一方面，在思考組織層級的問題時，與團隊成員一起尋找「欲望泉源」，能夠加速解決問題，因為一起思考能分享相同的情緒。只要能分享相同的情緒，就能進一步了解執行解決方案的意義，團隊也會更有向心力。

話說回來，職場之所以會出現情緒矛盾，很有可能是因為團隊成員「對於組織的情緒C」都不一樣。比方說，「四十幾歲的課長」與「部屬」之所以有代溝，很有可能是因為兩人對於「職場應有的模樣」有著不同的見解。換言之，兩者對於「情緒C」的不同見解製造了情緒矛盾。

與團隊成員一起思考「欲望泉源」能了解與整合彼此的「情緒C」。當團隊一起思考這個問題，除了能讓團隊成員齊心協力地執行與「情緒C」有關的解決方案，還能避免可能發生的情緒矛盾，所以非常建議大家在思考組織層級的問題時，與團隊成員一起思考。

2 釐清對於組織「內部」與「外部」的情緒C

組織層級的「情緒C」可分成投射於組織「外部的情緒」與「內部的情緒」。所謂「投射於外部的情緒」是指，想對職場的外界（例如社會或顧客）提供哪些價值，至於「投射於內部的情緒」則是與同事的理想或行動方針有關的情緒。

讓我們一起觀察前述「四十幾歲的課長」的情緒C吧。觀察之後會發現，這位課長的情緒C屬於「投射於內部的情緒」，卻不是「投射於外部的情緒」。

外部（社會或顧客）：未設定

內部（部門的狀態）：希望打造一個誰都能進行挑戰，包容各種工作方式的職場

雖然「投射於外部的情緒」會隨著這個組織的業務內容、範圍以及提供的價值而不同，所以無法一概而論，但還是得具體地設定才行。

在此提到的「外部」與「內部」的情緒與「使命、願景、價值（MVV）」的思維非常相似，基本上組織對社會的貢獻（使命）與「投射於外部的情緒」相近，組織應

有的樣貌（願景）或是成員的行動方針（價值）則與「投射於內部的情緒」相近。

此外，這裡的「投射於內部的情緒」通常是以「建構關連」為目的，因此最好能同時討論「如果真能讓職場變成這個模樣，我們能夠提供什麼價值？」這個問題。

透過上述的流程釐清「投射於外部的情緒」與「投射於內部的情緒」，就能讓職場環境變得更友善，也能讓組織提供外界全新的價值，而這些都是在尋找「上位C」的解決方案之際的一大線索。

3 找出適用於團體的「上位C」的解決方案

設定投射於組織「外部」與「內部」的情緒C之後，就可創造與情緒A、B相輔相成的效果。這部分與處理個人問題的時候一樣。讓我們先觀察剛剛的「投射於內部的情緒」吧。

情緒C（內部：職場）：希望打造一個誰都能進行挑戰，包容各種工作方式的

先行設定「職場應有的樣貌」，就能透過情緒A（為了自己）與情緒B（為了部屬）的相關行動打造「理想的職場」，也就能思考「該怎麼做才能創造自己與團隊成員都能盡情挑戰的職場呢？」這個問題。若是其他的策略，就無法想到這個問題。

此外，也可以找到以「職場」為主詞的解決方案，讓「情緒C」得到滿足。之前的策略都是「個人層級」的解決方案，但是當我們將主詞換成組織，就能往下列這幾個方向思考解決方案。由此可知，「投射於內部的情緒」可幫助我們思考與組織開發有關的具體方案：

- 改善職場制度
- 新增職場規範
- 調整與同事的溝通方式

另一方面，「投射於外部的情緒」可幫助我們找到新型商業的創意。這次一樣要以在因果策略介紹的史克威爾熱門系列遊戲「FF14」為例，說明這個部分的內容。在剛剛介紹「因果策略」時，解決了下列這類問題。

問題：讓現有的 FF14（舊世界）結束，新生的 FF14（新世界）誕生的必然是什麼？

解決方案：讓隕石掉落在現有的FF14的世界，讓世界因此毀滅，再前往新世界。

換句話說，FF14 透過「讓隕石掉落」這個設定建構了「必然的劇本」。不過，這個故事還有與包含策略有關的後續。

製作人吉田先生在說明這個解決過程的時候，曾多次提到「ＦＦ的特色」這個關鍵字。換言之，他追求的不只是「故事的完整」，更是希望「這款遊戲具有ＦＦ的特色」，這種情緒可說是想要兩全其美的「欲望」。

其實吉田先生在思考兩全其美的方案時，就是以「具有ＦＦ的特色」為起點，思考全新的解決方案。對於不知道這個遊戲的內容而言，聽到「隕石墜落」這個設定有可能會覺得很突兀，但是在ＦＦ系列作品中，一直都有 Meteor 這個「降下隕石的魔法」，而這個魔法也是具有「ＦＦ特色」的魔法，這代表「不是只要世界毀滅，什麼設定都可以」。

此外，「降下隕石」這個魔法的特效雖然真的會有隕石掉下來，但其實「掉下來的隕石是封印最強魔獸的蛋」，而最強魔獸就是象徵這款遊戲的「巴哈姆特」。

像這樣以建構兩全其美的劇本為前提，找出「希望具有ＦＦ特色」的上位情緒，就能找到具體的解決方案。

包含策略除了能於組織開發的層面應用，也能於開發事業的層面應用。

持續追求「真善美」

以上就是包含策略的說明。要執行包含策略，就一定要思考想要兩全其美的「欲望泉源」是什麼。話說回來，這類「最原始」的價值觀不一定非常明確，建議大家平日就多花時間釐清自己的價值觀。

在釐清價值觀的過程中，不妨每天問問自己對於「真善美」的定義。或許大家對於「真善美」這個字眼不太熟悉，但其實就是人類擁有的普世價值而已。

大家可透過下列三個問題，反問自己對於「真善美」的定義：

真：對自己來說，什麼才是「正確」的？

善：對自己來說，什麼才是「良善」的？

美：對自己來說，什麼才是「美麗」的？

這三個問題並非一朝一夕就能回答的問題，而是得透過平日接觸的各種事物慢慢體會。這些體會將一點一滴累積成價值觀，進而催生「情緒C」，換句話說，要能執行包含策略，首先自己要夠成熟。

思考組織層級的情緒C則與領導力有關。此時除了要釐清個人的「真善美」，還要建構「我們心目中的真善美」。

這簡直與建構組織的「使命、願景與價值」如出一轍。光是定義個人的「真善美」就得耗費不少時間，而要讓個人的「真善美」升華為組織的共識當然也很花時間，而要形成共識就不能只是單向地傳播價值觀，而是得不斷地讓組織成員彼此對話。

綜上所述，包含策略的確與之前的策略不同，執行與實現都需要耗費不少時間。不過，包含策略也的確是值得耗費如此心力與時間的策略，因為除了能解決個人層級的情緒矛盾，還能讓產生情緒矛盾的原因消失。

如果從找到解決方案這點來看，包含策略是具體的行動，如果從帶領整體組織來看，包含策略則是某種領導力，所以包含策略可說是「具體與領導力的綜合體」。

第七章

利用情緒矛盾
將創意提升至極限

7.1 能無中生有的矛盾思考

情緒矛盾是個人與集團的創造力泉源

一如前面幾章所述，矛盾思考是先接受造成「棘手問題」的「情緒矛盾」，再透過賦予意義的方式編輯情緒矛盾，藉此「解決問題」的方法論。因此與藥品一樣，是「對症下藥」的方法。

本章要介紹的是矛盾思考的終點，也就是「層級③」的矛盾思考。這個層級的矛盾思考不只是「對症下藥」，而是反過來「利用」情緒矛盾，創造前所未有的價值。

矛盾思考的三個層級：

層級① 包容情緒矛盾與消除煩惱

層級② 編輯情緒矛盾，找出問題的解決方案

層級③ 利用情緒矛盾，極限發揮創意

創造力（creativity）指的是創造新價值的現象或是能力。也是突破僵局的靈感，以及多元的分工合作，更是改革社會的事業或組織的創新。現代社會需要不同層面的「創造力」。

不過，為什麼矛盾思考可提升個人或是集團的「創造力」呢？簡單來說，就是下列這兩個與創意有關的理由。

①創意客體的理解：進一步「理解」情緒矛盾的性質，就能催生以人類本質為訴求的創意

②創意主體的刺激：積極「刺激」情緒矛盾，就能找到顛覆傳統的創意

以下說明這兩個原因。

「理解」客體的情緒矛盾，催生以人類本質為訴求的創意

矛盾思考能夠提升創造力的第一個理由就是將注意力放在享受這些創意的使用者的情緒矛盾，以及「理解」這些情緒矛盾的性質之後，就能找到以人類本質為訴求的創意。

不管是什麼產品還是科技服務，也不管是什麼活動企畫，創造的本質就是了解享受這一切的「客體的心情」。

假設製造商不了解人類的情緒矛盾，就會盲目地相信「想要更方便的商品」、「不想要自己選擇商品」、「想要長長久久地使用好商品」這類消費者的意見，想出只能滿足這些意見的創意。

圖表 40　傾聽使用者的「弦外之音」

情緒A
想要更方便
的商品
不想要自己
選擇商品
想要長長久久地
使用好商品
情緒B
愈是不方便的
商品愈喜歡
也想要自己
選擇商品
一項商品
用太久會膩

反觀已經了解情緒矛盾的你應該能夠聽出這些意見的弦外之音，能夠察覺消費者除了這些意見之外，還有「愈是不方便的商品愈喜歡」、「也想要自己選擇商品」、「一項商品用太久會膩」這些矛盾的情緒才對。

矛盾思考這種思考方式不僅能夠貼近「雖然麻煩但很可愛的人類的內心」，還能顧及人類那充滿矛盾的特質。光是了解人類就是會有情緒矛盾，以及學會從情緒矛盾「下手」，思考解決方案，你就能想到前所未有的創意。

積極「刺激」創意主體的情緒矛盾，就能找到顛覆傳統的創意

矛盾思考能提升創造力的第二個理由就是積極「刺激」創意「主體」的情緒矛盾，就能找到顛覆傳統的創意這點。

一如第六章所述，情緒矛盾的精妙之處在於透過「重構」切換「看待事物的角度」。故意提醒自己「這邊成立，那邊就不成立」這種矛盾的狀況，讓自己創造不屬於A也不屬於B的新現實，正是矛盾思考最根本的效果。

所以不要在遇到「棘手問題」之後才使用矛盾思考，而是平日就要常常使用，幫助自己培養「全新的視野」。

如果生活總是一成不變，人類很容易就「怠惰」。就算一開始有心「改變現狀」，若無法透過後設認知的方式了解自己的情緒矛盾，慢慢地就會對情緒矛盾無感，把扼殺自己的情緒，放棄改變現狀當成「理所當然」的事情。

比方說，一直在同一個職場做同一件工作，就會陷入第二章介紹的「能力陷阱」。就算一開始覺得「不行一直做相同的事情」，也告訴自己「必須學習新的技能」或是「跳槽」，只要「不想跳出舒適圈」，就會覺得「反正現在做得好好的，不用改變了啦」，如此一來就會失去消除矛盾的動力。

這與每天喝很多杯咖啡，咖啡因的效果愈來愈差是同樣的道理。每天過一樣的日子，久而久之就不再覺得刺激。

所以要積極「刺激」自己與夥伴的情緒矛盾，讓平穩的日子多一些「動盪」，才能讓生活與工作充滿創意，這才是矛盾思考的精髓所在。

矛盾思考能讓「職涯」變得更精彩豐富

矛盾思考不僅能提升個人或團隊的創造力，還能幫助我們規畫需要長年累月打造的職涯。

筆者（安齋）自己的職涯也可說是積極利用矛盾思考，強化創造力的結果。

二十幾歲的我幾乎都在學術界度過。大學畢業後，進入研究所取得碩士，後來又進入博士課程攻讀博士，最終在二〇一五年，快要三十歲的時候取得博士學位。

照理說，花了這麼久的時間取得博士學位的話，通常就會開始「找工作」，也就是找找看有沒有哪裡的大學有教師缺，然後一邊領著固定的薪水，一邊教學與進行研究，這對研究學者來說，可說是「奠定」職涯基礎的固定模式。

不過當我回顧過去的經驗便發現，我總是在【變化↕安定】這類情緒矛盾之中掙扎，過度追求「安定」，想讓現狀「有所改變」的欲望就會被壓抑，心中那股衝動也無法得到滿足。

儘管我是為了「身為研究學者的那份安定」而取得博士學位，但心中卻有股聲音告訴我「不走這條穩定的道路，或許能擁有比較有趣的職涯」。

因此我憑著一股衝動在二〇一七年創立了株式會社 MIMIGURI 前身的株式會社 MIMICRY DESIGN[39]。當年創業時，心中根本沒有所謂的願景或是目標，只是為了讓自己的職涯不要那麼穩定而已。

如今的 MIMIGURI 不僅是企業顧問公司，更是文部科學省認定的研究機關，我也能在商業與研究的「細縫」之間左右逢源，不斷地發揮自己的創造力。

集團式矛盾思考能釋放「組織」的創造力

矛盾思考不只是讓「個人」的創意或職涯得以形成的方法，集團式矛盾思考也能讓「組織」釋放創造力。

這裡說的「組織」除了是幾十人到幾萬人的企業，也可以是只有幾名成員的團隊，或是短期專案團隊。

39 二〇一七年創立 MIMICRY DESIGN，二〇二一年與株式會社 DONGURI 合併為株式會社 MIMIGURI。

以美國戶外用品製造商 Patagonia 為例，這家公司在二〇一九年提出新的企業理念以及下列的口號。

「我們經營的是拯救地球這個故鄉的事業！」

在資本主義社會之中，「經營事業」就是一邊消耗地球的資源，一邊創造「經濟利益」的行為，所以「經營事業」與「拯救地球」之間，應該存在著某種矛盾。

但是，Patagonia 卻提出了「拯救地球」這個主旨，也設定了多項達成這個主旨的具體目標。

其中最值得注意的就是他們提出 Worn Wear 這個行銷關鍵字，希望透過相關的行銷活動讓顧客將衣服穿到破破爛爛為止，藉此阻止顧客「汰舊換新」。

照理說，做生意的人都會希望曾經購買商品的顧客多買其他商品，或是汰舊換新，藉此提高顧客單價與增加利潤。

但是 Patagonia 卻反其道而行，不斷地呼籲顧客「不要購買不需要的東西」、「用久的商品比新品更順手」，希望顧客能修理手邊的商品，然後長長久久地使用這些商品。

Patagonia為了讓顧客能夠長長久久地使用自家產品，所以打算製造「優質」的產品，而且將生產量壓至最低，藉此為「拯救地球」這個理想做出貢獻。這個態度讓員工更想做出好產品，也引起顧客的共鳴，也讓事業變得更成功。

其他還有類似的例子。比方說，株式會社Recruit就是其中一例。這間快速成長的日本公司自一九六〇年創立之後，就一邊認同人類那充滿矛盾的特質，一邊「符合心理學的方式經營公司」，這間公司可說是以矛盾思考經營的先驅[40]。

像這樣讓整個組織提出充滿矛盾的理想與策略有時會弄巧成拙，讓員工陷入混亂，但是順利的話，就是充滿創意的管理方式。

40　大澤武志（一九九三）《心理學式經營：讓個體得以發揮自身特質》（心理学的経営　個をあるがままに生かす）ＰＨＰ研究所

這種矛盾思考不僅能於前述的「經營理念」應用，也能用來管理小團隊或是短期專案。領導者與管理者若能積極地運用矛盾，就能讓整個團隊的創造力得以徹底釋放。

在創意、職涯、組織植入「刺激」

綜上所述，本章要從「創意發想」、「職涯規畫」、「組織經營」這三種場景說明「利用情緒矛盾，極限發揮創意」這個層級③的矛盾思考。

場景1　創意發想：生產產品、設計服務概念與活動概念

場景2　職涯規畫：磨練技能、跳槽、中長期的職涯藍圖

場景3　組織經營：團隊經營、專案管理、企業經營

層級③的矛盾思考其實很單純。遇到需要提高創造力的場面時，一邊「思考」人類的情緒矛盾，一邊悄悄地植入某些「刺激」，積極地創造全新的情緒矛盾。

植入「刺激」的對象可以是目標、職場、組織規則、職涯的計畫或方針，也可以是對他人的提問或是企畫的概念，總之可以是五花八門的對象。從下一節開始，將為大家具體說明相關的內容。

7.2 利用矛盾思考激盪「創意」

在使用者的「真心話」之中，肯定藏著謊言？

首先要介紹的是在「創意發想」的時候應用情緒矛盾的技巧。這種應用方式可幫助我們在設計產品、服務與活動概念的時候，找到意料之外的創意。

前面已經提過，創意發想的基本思維就是察覺接受創意的客體，也就是「使用者」的心情，找出能夠滿足使用者心情的創意。比方說，產品或服務的使用者就是顧客，活動的使用者就是來賓，電視節目或 YouTube 的使用者就是觀眾，書籍的使用者就是讀者。

使用者會為了某些問題煩惱，也有可能想要追求某些特殊的價值。透過產品、服務、活動、影音內容這類人工製造的東西滿足上述的「需求」，才算是「有價值的創意」。

創意發想的方法有很多種[41]，較傳統的方式就是先找出目標使用者，然後透過調查得知目標使用者的「需求」，再尋找能夠滿足這些需求的創意。

要注意的是，不管是哪種族群的使用者，都一定有「情緒矛盾」，而且使用者本人不一定有這方面的自覺，所以使用者才會對自己的「需求說謊」。

41　安齋的前著（二〇二一）《調查、決心、創新：以「提問」為尋找創意的起點》（リサーチ・ドリブン・イノベーション：「問い」を起点にアイデアを探究する；翔泳社）有一套完整的說明。

圖表41 使用者會對自己的需求「說謊」

情緒A
情緒B
想要一個
「黑色正方形盤子」
如果有人送我，
我想要方便好用
的「白色圓形盤子」

在此為大家介紹一個小故事：

某間餐具製造商邀請消費者進行團體訪談之後，許多使用者都說「想要造型很酷的黑色正方形盤子」，但是當製造商跟他們說「可以挑選喜歡的盤子，當成接受訪談的禮物」時，這些消費者卻都選了能在平常使用的「白色圓形盤子」[42]。

本書的讀者想必已經知道，這種現象的背後藏著【坦率↓↑愛唱反調】【自我本位↓↑他人本位】這類情緒矛盾，這是因為我們總是莫名地隱瞞自己的真心話，或是言不由衷，不敢說出真正想要的東西，只敢說出符合別人期待的願望。

有時候當事人也不知道自己說謊。「想

要黑色正方形盤子」當然不是謊話，只是背後還藏著「另一個矛盾的真心話」而已。

讓使用者「埋在內心的情緒」曝光，藉此激發創意

要看穿使用者的「謊話」，找出使用者真正的需求以及符合使用者需求的創意，就必須找出使用者的情緒矛盾。

大部分的使用者被問到需求時，通常只會回答在情緒矛盾之中，相對強烈或是相對體面的「情緒 A」。比方說，會回答下列這類答案。

例一：週末就是要忘掉工作，盡情放鬆

42 株式會社 beBit（二〇〇六）《以使用者為中心的網站策略：透過驗證假說的方式實踐易用科學》（ユーザ中心ウェブサイト戦略　仮説検証アプローチによるユーザビリティサイエンスの実践）SB Creative 出版。

例二：選項太多會難以選擇，所以想要選出最理想的選項

例三：為了孩子的未來，想在週末多陪陪孩子，也想在孩子身上多花一點錢

這些都是再真實不過的「情緒Ａ」，但我們可不能忘了，還有與之對立的「情緒Ｂ」存在。

若是使用第五章「挖掘內心深處的情緒」的技巧「確認反轉情緒」，就能建立使用者埋在內心深處的「情緒Ｂ」。

例一：週末就是要忘掉工作，盡情放鬆（情緒Ａ）

↓想趁著周末處理平日堆積如山的工作（情緒Ｂ）

例二：選項太多會難以選擇，所以想要選出最理想的選項

↓選擇本身就是一種樂趣，所以希望能有所選擇（情緒Ｂ）

例三：為了孩子的未來，想在週末多陪陪孩子，也想在孩子身上多花一點錢

↓不想在週末的時候還要帶小孩，想為了自己多花一點時間與金錢（情緒B）

建立使用者的情緒矛盾假說之後，就要如第六章所介紹的，跳過「犧牲的劇本」，思考「兩全其美的劇本」。

一旦只聚焦在其中一邊的情緒，創意就會變得很有限，或是只想得到不上不下的創意。比方說，請大家先將注意力放在例3。

例3：為了孩子的未來，想在週末多陪陪孩子，也想在孩子身上多花一點錢

↓不想在週末的時候還要帶小孩，想為了自己多花一點時間與金錢（情緒B）

能滿足情緒A的服務非常多，但愈是「在意孩子教育的父母親」，愈是不敢正當光明地使用以情緒B為訴求的服務。

由於情緒A與情緒B並非互相排擠的關係，所以要告訴自己，只要花時間思考，就能「兼顧這兩種情緒」，想出兩全其美的點子。

如此一來，就會發現有些外宿服務能讓「孩子在週末的時候離開父母親身邊，學習自主生活」，而這種服務恰巧能同時滿足情緒 A 與情緒 B。對於使用這類服務的父母親來說，這種以「孩子也需要離開父母的時間」為訴求的服務，絕對是既能滿足檯面上的情緒 A，又能滿足情緒 B 的最佳選擇。

KidZania 是非常受歡迎的兒童職業體驗營，就某種意義而言，這也是能解決上述的情緒矛盾的創意。

KidZania 設定了成人不能進入職業體驗區的規則。表面上的理由是「培養孩子的自主能力」，但只要將視線轉向家長專用的休閒區，就會發現許多家長得到了「片刻的空閒時光」。

在「為了孩子，不得不暫時離開孩子」的這段時間之中，滿足家長的情緒矛盾，正是 KidZania 另外提供的隱藏價值。

解決線上會議疲倦的「暗黑自我介紹」

接著筆者要介紹一個從使用者的情緒矛盾衍生的新創意。這是為了解決新冠疫情造成的線上會議疲倦，而透過 Zoom 開發的「暗黑自我介紹」。

新冠疫情爆發之後，面對面的溝通不再安全，許多大學、企業、課程與研修都透過網路進行。筆者也不例外，大學的所有課程都透過線上的方式指導。雖然這種方法滿足了最低限度的需求，但是線上會議真的讓人很疲倦，一點都不開心。

因此筆者便想利用矛盾思考開發「線上專屬」的新工具，讓參加者都能開心地參加線上會議。一開始筆者先請教身邊的人有哪些需求，結果得到下列的答案。

例一：一直與認識的人進行線上會議，所以想認識新朋友

例二：線上會議不會有什麼偶然的邂逅，所以一點都不心動

光是聽到這裡，大部分的人可能會覺得在線上設計一個能認識新朋友的場合就好。不過，人是矛盾的，筆者利用矛盾思考預設了兩種情緒矛盾。

模式【變化↓↑安定】

情緒A：除了熟人之外，還想認識新朋友，體驗心動的感覺（變化）

情緒B：認識陌生人有一定的風險，而且很可怕（安定）

↓「想要偶然的心動，又想要安心」

模式【想要更多↓↑差不多就好】

情緒A：想與剛認識的人交流與體驗新鮮感（想要更多）

情緒B：持續交流很疲倦（差不多就好）

↓「能遇見新朋友，但只在特定場合交流」

根據這兩個概念開發的就是「暗黑（kurayami）自我介紹」。

這是在Zoom自我介紹的方法，通常會在上課或是研修的開場時使用。一開始先將名字設定為83（日文83和暗黑同為yami），然後關掉鏡頭。此時所有人都會變成「匿名」。

接著隨機請兩個人配成一組，然後花三分鐘介紹自己，但此時不能「報上姓名」也不能「開啟鏡頭」。進入群組後，先打招呼，再說明「參加的理由」。接著告訴對方「自己對他的印象」，然後結束交流。

在群組聊完天，回到主要的聊天室之後，在聊天室寫下感想。由於此時的聊天室ID是83，所以沒有人知道是誰寫的，整個聊天室也會充斥著匿名帶來的興奮感或是雀躍感。

由於不知道「對方的長相與名字」，而且又是隨機配對，所以沒有人知道自己遇見了誰，也因為不知道對方是誰，所以會覺得很興奮或是刺激，不過還是會知道對方一定是某堂課或是某個研修課的人，所以不會擔心自己遇到「完全陌生的人」。更何況是以匿名的方式參加，不用擔心被別人知道自己的身份，所以想要「多點變化」以及想要「安心」的情緒能同時得到滿足。

此外，雖然能認識新朋友，體驗新鮮感，但不會知道對方是誰，所以沒必要繼續

圖表 42 透過矛盾思考設計的「暗黑自我介紹」

暗黑自我介紹的事前準備與規則

【事前準備】

- 先將聊天室ID設定為83
- 關掉鏡頭

【規則】

- 在完全漆黑的聊天室建立雙人群組（每個群組只有三分鐘）
- 禁止說出自己的姓名以及打開鏡頭（禁止曝露身份）
- 先互相打招呼，再說明「參加的理由」
- 接著告訴對方「自己對他的印象」
- 若還有時間可以稍微閒聊。三分鐘之後，回到主要的聊天室，再以83這個匿名ID寫下感想

交流。換言之，「想多點交流」卻不想「太常交流」的欲望能夠得到滿足。

這個小工具得到許多好評，許多大學與企業也都引進了這項小工具。筆者之所以能想到這種小工具，在於不只是將重點放在情緒A，而是想辦法設計能夠兼顧情緒B的「兩全其美的劇本」。

鬆動成見的「特定情緒」

設定目標使用者的「情緒矛盾」，兼顧情緒A與情緒B的方法，特別適用於因為「特定的情緒」而產生成見的領域。

讓我們試著思考「咖啡廳」這個題材吧。「咖啡廳」這種餐飲業已經非常成熟，尤其在東京都更是呈現飽和狀態。咖啡廳原本是「喝咖啡」的地方，但是後來演變成打發時間，讀書、朋友閒聊以及「放鬆身心的空間」，這也成為咖啡廳的核心價值。

換句話說，目前的「咖啡廳」已與「想要放鬆」、「舒適的空間」這類強烈的「情緒A」結合，也在人們心中形成某種固定的印象。

矛盾思考就是要反過來思考與「想要放鬆」、「舒適的空間」相對的情緒B。比方說，可以想到下列這些情緒B：

可能與「咖啡廳」有關的情緒B

- **驚險刺激**
- **急躁**
- **不安**
- **煩躁**
- **很有壓力**

● **緊張**
● **不舒服**
● **覺得生命遇到危險**

接著利用這些情緒 B 預設使用者的「情緒矛盾」，再將這個假設當成「新型咖啡廳」的「主題」。比方說，可以想到以下這類主題：

創意發想的潛在主題

● **讓人不再覺得緊張刺激的咖啡廳**
● **能讓人享受緊張感的咖啡廳**
● **很危險，但很舒適的咖啡廳**

這些主題看起來很搞笑，但只要換個角度思考，就能找到前所未有的創意。常見的創意發想框架或許也有類似的發想方式。比方說，知名的奧斯本檢核表

以「樂高」組裝的「TAIJI 喫茶」。這個作品的概念是在伸手不見五指的隔音包廂之中，面對著牆壁喝咖啡。

（Osborn Checklist）會在發想創意時，從「置換：如果替換，會得到什麼結果？」「逆轉：反過來會到什麼結果？」「合併：組合之後會得到什麼結果？」一的觀點在既有的點子追加認知操作，藉此催生突部成見的創意。

這些半強迫式的創意發想法與矛盾思考看似相近，但其實完全不同。矛盾思考的重點不在於硬要變更咖啡廳的「功能」或「規格」，而是站在使用者的角度思考使用者最真實的

「情緒矛盾」，以及尋找滿足情緒矛盾的創意。

若是根據前者這種創意發想框架激盪腦力，通常會想到一大堆「天馬行空，不著邊際的點子」。或許能從這些點子之中，找到「發光的道具」，但基本上，那只是亂槍打鳥的方法而已。

反觀矛盾思考則可**「直擊充滿矛盾的人類本質，找到意料之外的創意」**。

筆者（安齋）曾請大學生以「很危險，但很舒適的咖啡廳」為題，試著思考新型咖啡廳的模樣。也就是請大學生深入分析「舒適」與「危險」這兩種情緒，再試著利用「樂高」組裝能夠「兼顧」這兩種情緒的咖啡廳模型。

結果這些大學生想到了許多「很有趣，讓很想上門光顧」的咖啡廳。比方說，「TAIJI 喫茶」就是讓消費者待在沒有聲音、沒有光線，伸手不見五指的隔音空間，一個人在這個包廂面壁喝咖啡的作品。

乍看之下，在這個宛如禁閉室的包廂待著，會讓人無法冷靜，但是得待在「又狹窄、又黑暗的壁櫥之中，才能冷靜下來」的人其實有一定的數量。一說認為，這些人有所謂「胎內回歸願望」，想重溫在母親肚子裡面的感覺。所以這個作品能讓人重溫「胎兒」的感覺，還能讓人像是與自己「對峙」般面壁思過。作品名稱 TAIJI 喫茶的 TAIJI，日文發音有「胎兒」也有「對峙」的意思。

如果只是一味地覺得咖啡廳就是「讓人放鬆的舒適空間」，就絕對想不到如此獨特的創意，而這個創意之所以能夠直擊人類本質，而不是「天馬行空的想法」，全在於找到了又想享受「舒適（安定）」，也想享受「危險（變化）」的情緒矛盾。

7.3 利用矛盾思考左右「職涯」

在人生一百年時代打造「連續專業」

層級③利用情緒矛盾，極限發揮創意」的這套方法不僅能用來發想創意，也對「規畫職涯」。

「規畫職涯」的意思是為了將來訂立計畫，培養專業技巧，取得證照，累積經驗，達成最終目標的流程。

這十年來，人們對於規畫職涯的概念產生了巨大的改變。

由於人們的壽命愈來愈長，現在這個時代也被譽為「人生一百年時代」，所以六十歲退休這個常識不再管用，工作到八十歲都變成稀鬆平常的事。尤其這個被稱為VUCA的時代更是變化激烈的時代，之前「一技在身，就能走遍天下」的職涯規畫也愈來愈不可靠，說得更正確一點，再也不能想要靠著「某項專業技能」，或是成為某個領域的專家，「躲進」這個領域，避開外界的風暴。

這是因為在這個變化激烈的時代裡，不斷地重覆擅長的事情，不斷地強化「絕招」，就長期來看，反而會失去「改變做法」的機會，遇到更大的風險，這部分也已在第二章「動機的構造」提過。

提出「人生一百年時代」英國組織學者林達・葛瑞騰（Lynda Gratton）認為，要解決上述的問題就必須累積「連續專業」[43]。

所謂「連續專業」顧名思義，就是在某個特定領域培養專業技能，成為該領域的「專家」之後，放下眷戀，挑戰其他的新領域，培養新的專業技能，一步步打造職涯

43　林達・葛瑞騰（二〇一二年）*The Shift: The Future of Work is Already Here*

的策略。

這種策略與擁有廣泛的知識或技術的「通才」不同，而是要不斷地「深入」學習各領域的專業，讓自己成為各領域的「專家」，這也是非常艱困的生存之道。

打破職涯的「一成不變」的四個線索

要在這個變化如此遽烈的時代規畫職涯是困難的，所以我們才會這麼「煩惱」。愈是能享受人生一百年時代，積極面對VUCA與進行新挑戰的人，愈會為了各種「情緒矛盾」所苦。

利用本書之前介紹的矛盾思考的「層級①包容情緒矛盾與消除煩惱」與「層級②編輯情緒矛盾，找出問題的解決方案」解決問題，可說是現代人規畫職涯的基本策略。

不過，現代人在規畫職涯的時候，最應該戒慎恐懼的就是在逃避變化時，讓自己陷入「一成不變」的狀態。

尤其當工作沒發生什麼「致命問題」，每天一帆風順的時候，更是容易陷入「一成不變」的陷阱。這裡說的「致命問題」如下：

- 自己的專業被ＡＩ（人工智慧）取代

- 自己不再成長，能力與職位都被年輕的後輩超越

- 急著跳槽卻無法融入新公司，工作表現一落千丈

- 因為景氣下滑或天災而被裁員，因而失去工作

上述問題固然是「職涯危機」，但危機就是轉機，這些問題也是讓人重新檢視職涯，「改變」自己的機會。

如果無視於這些危機，只求「安穩度日」，心情就會變得煩躁，然後不斷地告訴自己「反正就是這樣，也沒有別的辦法吧」，漸漸地對於埋在內心深處的情緒矛盾「無感」，這就稱為「情緒矛盾的鈍化」。

一旦陷入這種狀態，就會盲目地累積職涯，慢慢地失去改造自己的能量，過著

「沒有任何新鮮感，渾渾噩噩」的日子。不覺得這種生活很「糟糕」，恐怕是在這個「人生一百年時代」裡，最不利於規畫職涯的危機。

要想培養「連續專業」，闖過ＶＵＣＡ時代的驚濤駭浪，就要故意在自己的職涯植入「情緒矛盾」，刺激自己「想要變化的欲望」，為職涯創造一些動盪。

本節將說明下列四種技巧，幫助大家打破職涯的一成不變，為職涯帶來具有具體的變化。

為職涯帶來具有建設性的變化的四個提示

---

①顛覆充滿惰性的情緒
②讓工作的目的與手段互相調換
③準備適度的「難關」，鼓舞自己的士氣
④透過越境學習與工作渡假打造「外界」

提示① 顛覆充滿惰性的情緒

首先要介紹的就是請先從「一帆風順」的職涯找出「某種程度已被滿足的情緒」，再試著顛覆這種情緒。

換句話說，就是以文字描述作為職涯規畫主軸的欲望與需求。比方說，「想要成為有用的人」、「喜歡傾聽別人的意見」、「想要站在眾人面前，得到關注」，將純粹的欲望寫成這類文字。

此時的重點不是列舉心中有哪些「憧憬」，而是那些讓自己的職涯「還算順利」的需求。照理說，這些需求應該已經因為下列的理由而得到滿足才對。

例一：想要成為有用的人

↓經營 B to C 的服務，直接得到使用者的回饋，所以這個需求得到滿足

例二：喜歡傾聽別人的意見

↓跑業務可以聽到顧客的煩惱，所以這個需求得到滿足

例三：想要站在眾人面前，得到關注

↓成為講師，常有機會站在講台上，所以這個需求得到滿足

這些絕對是讓你覺得工作很有價值的欲望或是需求，但從長期來看，這些也是讓你陷入「絕技陷阱」，讓情緒矛盾鈍化，職涯毫無發展的情緒。

因此我們要試著顛覆這些欲望或需求，藉此規畫全新的職涯。

例1：想要成為有用的人↓**試著製作沒有用的東西**

例2：喜歡傾聽別人的意見↓**試著從事單向溝通的工作**

例3：想要站在眾人面前，得到關注↓**試著從事幕後的工作**

原本這些都是與自己「絕緣」的情緒，也是不該出現在職涯規畫之中的「雜訊」，但是這些情緒有可能只是被幼年時期的「自卑」或是被灌輸的「規範」壓抑而已，一

旦真的正視這些情緒，有可能會發現這些情緒就是潛在的欲望，也是幫助自己突破僵局的關鍵。

建議大家以「短期實驗」的心態試著正視上述這些情緒。比方說，利用週末閒暇時刻做一些沒有的東西，或是利用偶然的機會從事單向溝通的工作，或是替自己設定一些工作的規則或目標。

例一：在週末做一些有趣，但沒什麼用的東西

例二：申請成為公司內部讀書會的講師，替自己創造演講的機會

例三：在三個月之內，禁止自己「太出風頭」，於幕後協助夥伴

筆者（安齋）在快要三十歲的時候，也曾經覺得「自己不適合創業，沒有領導能力，只適合站在巨人的肩上，研究前人開拓的領域」，所以成為大學的研究人員，培養這方面的資歷。

在三十幾歲覺得生活「一成不變」之後，便試著顛覆上述的想法以及試著「創業」。

不過突然「辭掉大學教職」的風險太高，所以只是先以副業的方式，試著「創業」。

現在回想起來，當時的「實驗」激發了自己的潛能，也是為「職涯帶來變化」的轉機。

讓一成不變的職涯產生動搖的重點在於打破源自職涯的「慣性」[44]。

試著狠下心放棄「之前做得像是例行公事的事情」。

試著開始那些「之前莫名逃避的事情」。

刺激鈍化的【變化⇅安定】的情緒矛盾，故意讓職涯變得不穩定。

提示② 讓工作的目的與手段互相調換

讓職涯多些變化的第二個技巧就是讓工作的「目的」與「手段」互相調換位置。

工作最重要的是「目的」，所以得透過適當的「手段」達成目的。若是因為短視近利而看不清「目的」，就會陷入「手段目的化」的陷阱。

不過，若是試著讓工作的「目的」與「手段」互相調換位置，就能讓工作意義變得更有趣。

比方說，眼前有一位每天認真學習程式設計[45]的網站工程師。對這位網站工程師而言，工作的「目的」就是製作「更方便好用的網站」，而工作的「手段」就是「學習程式設計的技巧」。如果試著改變目的與手段的因果關係，就會得到下列的結果。

「為了製作方便好用的網站而學習程式設計技巧」

↓

「為了學習程式設計技巧而製作方便好用的網站」

乍看之下，這句話根本不合理，但是在經過解釋之後，就能創造新的想法。比方說，從長遠的角度來看，「提升程式設計技巧」的確是工程師培養專業能力的重要命題。這意味著將「提升程式設計技巧」視為長期目標，就會將平常的業務視為達成這

---

44 在不受任何外力的影響下，某個物體保持原本運動狀態的性質。

45 利用程式語言撰寫程式碼的意思。

個長期目標的「手段」。

之前都為了滿足顧客的需求以及方便使用者瀏覽而撰寫「最低需求」的程式碼，但是當這位程式設計師將平常的業務當成「手段」，就會為了「鑽研程式設計技巧」而嘗試新的技巧。

假設「製作方便好用的網站」只是一種手段，那麼這位網站設計師或許就會將重心從「建構使用者看得見的部分」，移轉到使用者看不見的部分，挑戰「建置伺服器或是基礎建設」，甚至會告訴自己「不用太執著於網站的部分」。

像這樣調轉「手段」與「目的」的因果關係，就能重新解釋【顧全大局↓↑短視近利】這種情緒矛盾，為職涯帶來新氣象。

由史丹佛大學教育心理學家約翰．克朗伯茲（John D. Krumboltz）提出的善用機緣論（Planned Happenstance Theory）是規畫職涯的著名理論，而這項著名理論提到「職涯的方向通常會被意想不到的偶發事件左右」。

比方說，筆者（安齋）還是大學的研究人員時，撰寫論文，進行相關研究是「目的」，提供企業諮詢服務這類商業活動則是為了做好研究的「手段」。但是在筆者創業之後，商業活動暫時變成了「目的」，研究活動卻變成了「手段」。

不過，當我們經營的MIMIGURI從二〇二二年二月成為日本文科省認可的研究機關之後，我們再也分不清「到底是為了研究而從事商業活動」還是「為了商業活動而研究」，因為目的已是手段，手段也已是目的，故意讓自己陷入【顧全大局↓↑短視近利】這種情緒矛盾，反而促成了我們創立MIMIGURI的動力。

確定「目的」固然重要，但是只根據目的訂立計畫，恐怕會將「偶然」的幸運擋在門外。

顛覆「目的」與「手段」的因果關係，故意創造一個不知該何去何從的狀態，才有可能在因緣際會之下，打造全新的職涯。

提示③準備適度的「難關」，鼓舞自己的士氣

綜上所述，將原本是阻力的情緒矛盾化為助力，讓職涯多些變化與偶發事件，就能喚醒動力。

故意在一帆風順的日子製造矛盾，在外人眼中或是很奇怪，有些人也覺得這麼做只是在折磨自己而已。

不過，「替自己增加值得挑戰的課題」這件事與其說是痛苦，不如說是「快樂」的泉源。

最能說明這點的莫過於「遊戲」。大部分的人都覺得「遊戲」就是一種娛樂。美國哲學家伯爾納德舒茲（Bernard Suits）曾如此描述這類遊戲：

「所謂的遊戲，就是自行跨越不需要跨越的障礙。」[46]

這簡直就是「自己設定門檻，再自行跨越」的行為。像這樣自行製造矛盾再化解

矛盾的行為，能創造類似玩遊戲的樂趣，也能鼓舞自己。

要想自行設定門檻，並且樂在其中，門檻就不能「太高或是太低」。雖然門檻高一點比較有成就感，但是門檻太高只會讓人喪失鬥志。祕訣在於不好高鶩遠，設定「有點困難」的矛盾，讓過程多點變化。

在玩遊戲的時候，最重要的是「自行跨越障礙」的意志，換言之，「自己替自己設定門檻」而不是由「別人設定」才是重點。這個世界的確充滿了「難以破關的遊戲」，也常常讓我們喪失鬥志，但是當我們把自己放在充滿矛盾的環境，然後試著解決這些矛盾，就等於在**享受矛盾**。將自己放在「有點挑戰」的環境之中，就能鼓舞自己。

46 伯爾納德・舒茲《蚱蜢：遊戲、生命與烏托邦》（*The Grasshopper: Games, Life, and Utopia*）繁體中文版由心靈工坊出版

提示④ 透過越境學習與工作渡假打造「外界」

最後要介紹的職涯改造術就是「越境學習」。所謂的「越境」就是「跨越主場與客場的界線」[47]。

具體來說，就是參加工作渡假或是跨業種研討會，留學、一邊工作，一邊從事志工活動這類活動。

越境學習可讓自己離開舒適的主場，前往與自身價值觀不一致的客場，藉此改造職涯。故意前往讓自己不舒服的「客場」與剛剛提到的「自行設定門檻」是一樣的行為。

之所以要讓自己不舒服，在於提醒自己「待在主場有多麼舒適」，以及動搖自己的情緒。對我們來說，「舒適的主場」已經是「習以為常的領域」，所以我們平常根本不會想到待在主場有多麼舒適。

比方說，突然被問到「你覺得待在這間公司最舒服的事情是什麼？」大部分的人應該都很難立刻回答才對，但是當你聽到其他公司的情況，或是曾在其他公司上班，應該就能立刻回答「嗯，我們公司這點很好」，立刻想到公司有哪些優點。

一如第五章所述，要察覺埋在內心深處的情緒，不是一件簡單的事。要察覺這類情緒，讓職涯多點變化與刺激，就不能只是待在主場，有時候還是要前往客場。

建議大家以上述這四個提示刺激自己的情緒矛盾，改造自己的職涯。這就是透過層級③的矛盾思考，打造職涯的方法。

47　石山恆貴、伊達洋驅（二〇二二）《越境學習入門：培育能強化組織的「冒險人才」的方法》（越境学習入門　組織を強くする「冒険人材」の育て方）日本能率協會管理中心

7.4 利用矛盾思考動搖「組織」

利用矛盾思考度過合作時代

到目前為止，說明了能提高創造力的矛盾思考如何在「創意發想」與「職涯規畫」這兩種情況應用的方法。

儘管矛盾思考是提高「個人（自己）」創造力的方法，但其實也能以「團體」的方式實踐，也就是利用矛盾思考讓團隊、專案、企業管理職的成員產生動搖，藉此創造更具創意的成果。

話說現代是重視合作的時代。在變化愈來愈快，社會問題愈來愈複雜的這個時代裡，能以個人專業或是閉門造車的方式解決的問題愈來愈少，若少了擁有不同專業的人互相合作，這世界就無法進步。

一如第三章所述，由上而下這種「工廠型」的傳統組織型態已行至末路，現代需要的是一半由上而下，一半由下而上的「工作坊型」組織。

至於領導者的責任不在於「下指令」，而是「激發」每個人的魅力與才能。這類領導統御的意義或是方法論可參考拙著《高效團隊都在用的奇蹟式提問》[48]，其中介紹了一套聚焦於會議協作的方法。

在過去，我們「必須顧及」每個人的「多元」，但是現在，我們「必須活用」每個人的多元。

不過，這部分有許多有待突破的門檻。比方說，不斷膨脹的集團會有所謂的「同儕壓力」，階級與權力會導致「寒蟬效應」出現，讓人不敢暢所欲言。回過神來才發

48《高效團隊都在用的奇蹟式提問》繁體中文版由天下雜誌出版

圖表43　從「工廠型」轉型為「工作坊型」的組織

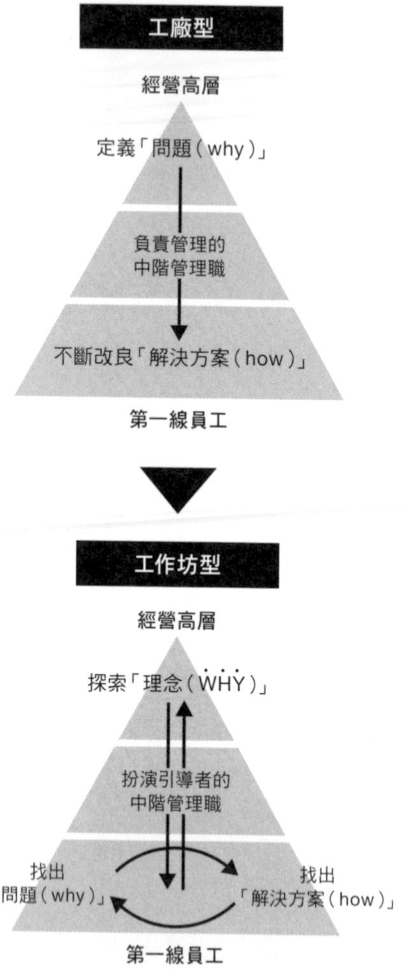

出處：安齋勇樹《高效團隊都在用的奇蹟式提問》

現，整個組織已沒人敢說真話，所有的決策也淪為表面形式，沒有任何溫度可言，組織也漸漸地失去創造力。

要想找回組織的創造力就必須刺激成員的情緒，創造更熱絡的交流。層級③的矛盾思考就是想辦法在集團植入情緒矛盾，活化創造創造力的方法。

設定與專案相反的「兩個目標」

一開始先從誰都能做得到的部分介紹。也就是該怎麼設計「專案」的管理方式。所謂的專案就是為了在特定期間之內達成特定目標，訂立適當的計畫以及分配任務的方法。而這次要介紹的方法是設定「兩個與專案相反的目標」。

設定專案目標的方法有很多種，而拙著《提問的設計》[49]提到了將目標分成「成

49 安齋勇樹、塩瀨隆之（二〇二〇）《提問的設計》繁體中文版由經濟新潮社出版

圖表44　在不同階層的目標之間植入「矛盾的元素」

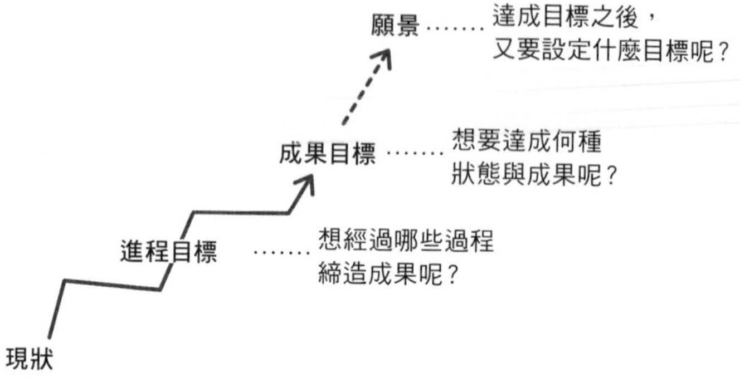
願景……達成目標之後，
又要設定什麼目標呢？
成果目標……想要達成何種
狀態與成果呢？
進程目標……想經過哪些過程
締造成果呢？
現狀

果目標」、「進程目標」與「願景」這三個階段。

- **成果目標**：希望在執行專案時達成的組織狀態或是事業成果。
- **進程目標**：在達成成果目標之前，希望專案成員在過程產生哪些變化或是交流。
- **願景**：前述的「成果目標」與「進程目標」的目的是什麼？達成這兩個標目之後，接下來要進化成何種狀態，又要往哪個方向前進。

試著思考設定兩個相反的目標，能否激起專案成員的情緒矛盾。

最簡單的方法就是設定與「成果目標」相反的目標。這與前面提到的「很危險，但很舒適的咖啡廳」的概念相似，也就是將情緒矛盾設定為創意發想主題的方法。已有研究結果[50]指出這種矛盾的命題能有效激發團隊的交流。

不過，專案管理者除了能激發團隊交流，還可以多花一點心思在不同階層的目標之間植入「矛盾的元素」，比方說，讓「進程目標」與「成果目標」矛盾，或是讓「進程目標」與「願景」矛盾。下列就是相關的例子。

例一：用心傾聽每位顧客的意見（進程目標），以最快的速度公開產品（成果目標）

若聚焦在「以最快的速度公開產品（成果目標）」這點，就沒有時間做使用者調查，此時若想兼顧「用心傾聽每個人的意見（進程目標）」，這個專案就會出現【顧全大局

50 安齋勇樹、森玲奈、山內祐平（二〇一一）「透過工作坊的形式激發充滿創意的合作」（創発的コラボレーションを促すワークショップデザイン）日本教育工學會論文誌，35（2），135-145。

↓↑短視近利】這種情緒矛盾，也就能讓專案成員更願意多方嘗試與犯錯。

例二：應用歷史與傳統（進程目標），讓全世界知道自家公司的新方向（願景）

假設將目標放在「讓全世界知道自家公司的新方向（願景）」，似乎能先放下自家公司的強項與規範，從零開始激發創意，但是，在加上「應用歷史與傳統」這個限制之後，就能透過【變化↓↑安定】這種情緒矛盾締造某種成果。

仿照上述的方式在「進程目標」的「堅持」與後續的「成果目標」或「願景」之間植入矛盾，應該就能活化思維。在推動專案的過程中不斷地植入情緒矛盾，就能讓每個團隊成員以更有創意的方式合作。

理。

透過「對話」跨越成員之間的矛盾情緒

不過，一味地煽動團隊的情緒矛盾雖然可激發創意，但是團隊也會變得更難以管理。

就傳統的會議而言，通常會在「同儕壓力」或是「揣測上意」的形況下形成「共識」，這本來沒有任何好壞之分，但是當我們試著刺激團隊成員的情緒，讓團隊成員盡情發揮個人魅力，當然就會出現許多意見上的衝突、對立以及不了解彼此的情況。

比方說，某個成員滿腦子只有「願景」，另一位成員卻反其道而行，只想完成「進程目標」，如此一來，無法彼此妥協的他們就會覺得「我跟那傢伙話不投機！」

在團隊實施矛盾思考時，一定會遇到上述的情況，而且若不透過「對話」解決團隊成員之間的衝突，就無法讓整個組織具有創造力。

對話（dialogue）是在組織管理學之中的重要溝通方式。團隊的溝通方式除了「對話」，還有「閒聊」、「辯論」和「討論」，總共有四種溝通方式。

① 閒聊

閒聊（chat）就是在輕鬆自由的氣氛下隨意聊天的意思。一開始先輕鬆地打招呼，然後不帶任何目的地隨意交流。

② 辯論

辯論（debate）則是當彼此對某個主題的意見相左，對彼此陳述意見，決定誰的意見才正確的溝通方式。如果當事者雙方無法決定誰對誰錯，就由第三方決定。

③ 討論

討論（discussion）就是團隊針對某個主題達成共識或是做出決策的溝通過程。這種具體的溝通過程重視邏輯、主張的正確度與效率，目的是透過溝通得出「整個團隊的最佳結論」。

④ 對話

對話（dialogue）與閒聊一樣，都是在輕鬆自由的氣氛下進行的溝通，但是與討論的相同之處在於針對每個特定主題陳述彼此的意見，至於不同之處則是**不會根據邏輯或是觀點的正確與否得出「最適合團隊的結論」**，也不會互戰意見，分出高下。真正的重點在於「進一步了解」成員賦予了這些意見哪些「意義」。就算聽到不同的意見，不急著說「不對」或「反對」，而是思考「為什麼對方會提出這種意見？」「對方真正在意的是什麼？」好奇對方沒說出來的想法，努力了解對方看待這些意見的角度。

刺激專案成員或團隊的情緒矛盾，讓意見產生對立之際，不需要透過「辯論」或「討論」解決對立。若是在找到彼此對立的「情緒A」與「情緒B」之後，思考「哪邊才是正確解答」，就無法應用矛盾思考。

站在情緒A的A先生與重視情緒B的B先生之間，充份了解他們「為什麼會重視這些情緒」，才能找到跨越這兩種情緒的「情緒C」。

關於在組織進行「對話」的方法論可參考拙著《提問的設計》與《高效團隊都在

用的奇蹟式提問》。

在組織經營理念植入矛盾

假設重視「對話」這個文化已於團隊扎根，接著就可以在經營理念或是管理訊息植入情緒矛盾，讓整個組織發揮創造力。

前述的 Patagonia 的經營理念與行銷文案：「我們經營的是拯救地球這個故鄉的事業」、「不買不需要的東西」和「用久的商品比新品更順手」，可說是絕佳的範例。

假設組織沒有重視對話的文化，只懂得二擇一或是非黑即白的員工可能會針對「拯救地球很重要嗎？」「還是事業發展比較重要？」這類疑問開始「討論」或「辯論」，「地球派」與「事業派」就會對立，組織就無法發揮創造力。

不過，當組織擁有對話的技術正文化，這類「矛盾的訊息」就會為第一線帶來活力。

由筆者曾經經營的株式會社 MIMICRY DESIGN（MIMIGURI 的前身）的經營理念之一就是「五個行動方針」，筆者曾在這五個行動方針植入情緒矛盾，以矛盾思考的方式經營這間公司。以下是這五個行動方針的全文。

1 過程與結果

MIMICRY DESIGN 是透過創意解決問題的協調者，致力於幫助客戶締造客戶自己無法達成的成果，但是，我們不是提出正解解答的企業顧問，解決問題的人終究是客戶本身。我們認為，所有的專案都該是客戶主動學習的機會，而我們則扮演陪伴客戶完成專案的角色，讓客戶締造理想結果的同時，走過一段豐富而精彩的過程。

2 共鳴與觸發

MIMICRY DESIGN 會陪伴客戶一起完成專案，並在過程之中，與客戶煩惱相同的煩惱，對同一個課題產生共鳴。但是，不會總是覺得客戶對於課題的認知是正確的。我們會試著尋找客戶本身沒發現的切入點，試著動搖客戶的認知，觸發客戶的創造力。

3 學習與反學習

MIMICRY DESIGN 總是不斷地研究與開發讓複雜的專案得以成功的方法，並且試著將這些方法整理成完整的系統，所有成員也不斷地學習。這個以研究為基礎的學習環境奠定了組織的基礎，也提升了專案的成功率。不過，不想以相同方法成功的我們，總是透過反學習（unlearning）的方式放下自己最擅長的模式，再挑戰從未挑戰的專案或方法，持續探討新型態的 MIMICRY DESIGN。

4 決策與保留判斷

在資訊氾濫的時代裡，MIMICRY DESIGN 除了快速做出決策，也會推動專案，讓組織持續前進。不過，我們也非常重視團隊之中的「對話」。對話的祕訣在於不急著下判斷，享受不同角度的解釋以及全新意見的產生過程。我們重視的不只是「做出決策與前進」，更相信「原地停留的時間」是讓組織進化的關鍵。

5 痛苦與樂趣

在想要改變卻無法改變的人與組織產生變化時，往往伴隨著「痛苦」。許多來到MIMICRY DESIGN的客戶都是想要解決這些痛苦，我們也誠心誠意地面對這些痛苦。不過，人類自幼就擁有的「玩心」也是促進變化的一大動力。如果無法逃避變化，那麼乾脆享受變化。此外，我們也會帶著探索新鮮事物的玩心，努力地促成改變。

我深深地覺得，在整間公司共享這五個矛盾的行動方針之後，第一線員工的情緒矛盾便常常受到刺激，所以才不斷地透過「對話」解決這類情緒矛盾，組織的創造力也得以一直維持在高檔。

一般的「領導者」都必須保持毫無矛盾，首尾一致的態度，但是像這樣大力宣揚「矛盾情緒的重要」，是讓組織保有創造力的一大關鍵。

讓「水與油」兩個不相容的團隊融合，催生全新的團隊

讓目的不同的團隊 A 與團隊 B 融合，能有效催生充滿情緒矛盾的團隊 C。若以身邊的例子來說，應該會立刻想到不同團隊或是不同業界的跨域合作。例如，YouTuber 的彼此合作，蔚為話題的動畫與食品一同製作廣告，Uniqlo 與知名品牌共同開發商品，都是常見的跨域合作。

至於相對大規模與長期的「融合」就屬企業之間的合併與收購（M&A）[51]。或許企業的併購不是那麼貼近生活的例子，但其實這類例子所在多有，例如 YouTube 原本只是一間新創企業，後來在二〇〇六年被 Google 併購之後才變得如此成功。

若以日本企業為例，大型銀行「三井住友銀行」在合併之前本來是「三井銀行」與「住友銀行」這兩間銀行，至於玩具製造商 Takara Tomy 原本是 Takara 與 Tomy 這兩間公司，而電機製造商 KONICA MINOLTA 則是由 Konica 與 Minolta 這兩間公司合併而成。這些併購的例子可說是不勝枚舉，企業的「融合」也比我們所知道的更加頻繁。

基本上，集團之間的合併都會先設定「共同目的」，再與「性質相近」的同業種集團合併，因為衝突與差異比較少，也比較不會發生問題。

不過，集團融合的精髓**在於讓目的與價值觀不同的「異質集團」截長補短，創造綜效**，而矛盾思考則可讓乍看之下，猶如「水與油」一般，彼此不相容的集團，在各有目的與堅持的前提下融合，創造一加一大於二的效果。

若想了解充滿矛盾的「異質集團融合」的衝擊與趣味，可參考曾被翻拍成電影的熱門小說《假面酒店》（集英社文庫）。《假面酒店》是小說家東野圭吾的長篇懸疑小說，電影版則是由木村拓哉與長澤雅美領銜主演，也因此掀起話題。

故事舞台是在東京都內的高級飯店「柯迪希亞飯店」。在東京都內發生多起預告殺人事件之後，「柯迪希亞飯店」被宣告為下次的犯案地點。警視廳搜查一科決定潛入東京柯迪希亞飯店調查，所以菁英刑警新田浩介（由木村拓哉飾演）假扮飯店櫃檯人員，準備追捕犯人。

---

51 Mergers（合併）和 Acquisitions（收購）的簡稱

不過，新田浩介是刑警，所以完全不具備飯店工作人員應有的基本技能與知識。因此東京柯迪希亞飯店派出優秀的飯店人員山岸尚美擔任新田浩介的導師，兩人也聯手追捕犯人。

這部作品的精彩之處在於新田與山岸之間的「磨合」。新田以及其他警員的第一目的是「在嫌犯作案之前就抓住嫌犯，避免殺人事件再次發生」，所以他們的信念就是「所有相關人士都有嫌疑」，反觀山岸與其他飯店工作人員的第一目的則是「盡力款待每一位顧客」，所以當然是以「相信所有顧客」為信念。

若以搜查犯人為優先，就無法款待顧客，若以款待顧客為優先，就有可能鬧出人命。在如此矛盾之下，雙方也不斷地發生衝突。不過，雙方也在這個過程不斷地「對話」，了解彼此的價值觀，最後萌生「信賴關係」，也達成精彩絕倫的合作。

相關細節請大家直接欣賞作品，但這部作品的確能讓我們見識到「目的各異」的集團 A 與集團 B 雖然不斷發生衝突，最後卻能融合為「集團 C」的樂趣。

各有堅持的集團可透過一張「畫」結合

我們 MIMIGURI 也是不同集團組成的組織。

二〇二〇年，MIMIGURI 還只是 MIMICRY DESIGN 與 DONGURI 這兩間公司。MIMICRY DESIGN 由筆者（安齋）擔任代表，是一間由二十名左右的協調者組成的「組織開發」專業公司。主要的業務在於透過協調建立組織的關連與個人的動機，讓組織從「看不見的地方」開始改革，這也是 MIMICRY DESIGN 的堅持。由於安齋也是大學的研究人員，所以學術背景的色彩非常強烈，當時的顧客都是大企業，業績也不斷地成長。

反觀 DONGURI 則是由現在的 MIMIGURI 共同代表 MINABETOMONI 擔任代表，旗下共有約二十名的設計師與企業顧問，是一間「組織設計」的專業公司。擅長的業務包含組織的 C I 設計、事業開發與評估制度設計，換言之，DONGURI 的堅持在於「可見的部分」。由於他們渾身散發著一股務實的氛圍，所以主要的顧客都是創投企業，業績也是不斷地成長。

圖表 45　株式會社 MIMIGURI 的「CreativeCultivationModel」

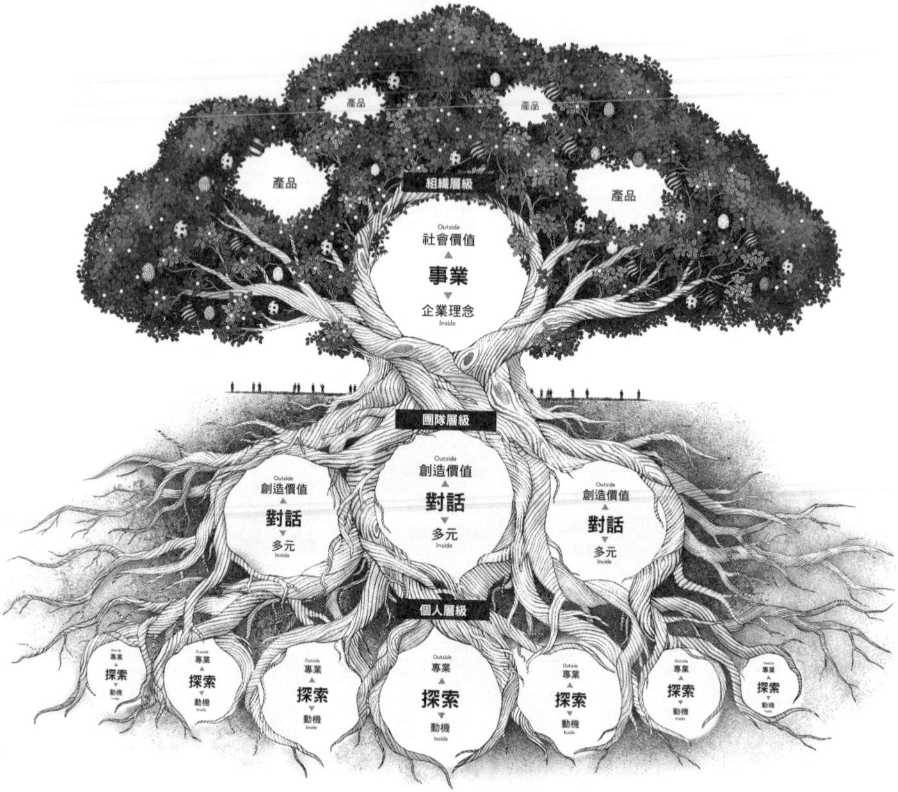

雖然兩間公司的關鍵字都是「組織」，但是在專業、策略與目標客群這些層面都有相當的出入，乍看之下，就像是「水與油」互不相融的兩間公司。

不過，某次意想不到的事件讓安齋與MINABE這兩位代表認識，兩位代表也成為意氣相投的好友。當兩人愈聊愈開心之後，他們突然發現，彼此的公司雖然有著不同的特質，但歸根究柢都相信「人與組織的潛力」，所以便決定讓兩間公司「融合」。

自此，代表之間便不斷地對話，有時候還會請來所有的第一線管理者，一起舉辦工作坊，不斷地討論這兩間貌似「水與油」的公司該如何融合為「一個生命體」。

最終便打造了讓兩間公司成功融合的Creative Cultivation Model（簡稱為CCM）[52]。這是透過「樹木」這種暗喻讓組織「由下而上」改變的MIMICRY DESIGN的向量，以及讓組織「由上而下」改變的DONGURI的向量產生衝突的模型。

MIMIGURI的理想在於讓組織「看不見的部分」（根部與土壤）以及「看得見的部分」（樹幹與果實）進行有機融合，藉此讓這個世界出現更多充滿創造力的企業。

52 詳情請參考MIMIGURI的官網。https://mimiguri.co.jp/

這個理想全部濃縮在這幅「畫」之中。

當這兩間公司的矛盾全部濃縮成「一幅畫」，MIMICRY DESIGN的員工與DONGURI的員工就不再是「水與油」，而是「擁有共同願景的夥伴」。株式會社MIMIGURI也因此在二〇二一年誕生。目前已成長為員工約有六十名的組織[53]，也一樣是以CCM為核心概念。

故意讓「彼此矛盾的集團」混合，再透過願景與故事讓這兩個集團緊密結合。這就是利用矛盾思考管理組織的究極個案。

53 二〇二三年二月的數據。

結語

本書說明如何面對與解決藏在「棘手問題」背後的「情緒矛盾」，以及反過來利用「情緒矛盾」將創造力提升至極限的方法。情緒矛盾能於創意發想、職涯規畫、組織經營以及各種場所發揮莫大功效。

希望閱讀本書的讀者能夠實踐「矛盾思考」。在此為大家介紹本書的重要訊息以及能夠立刻實踐的重點。

1 告訴自己「人類很麻煩，但是很可愛」

我們的生活充滿了「矛盾」。我們會覺得身邊的人的一言一行很矛盾，也常常覺得自己的很矛盾，此時請在心中默念「人類很麻煩，但是很可愛」。

矛盾思考的第一步就是不要討厭矛盾，而是愛上矛盾。當你發現矛盾，請回想這句話。

2 累積「遊玩於矛盾之中」的經驗

矛盾思考不只是頭痛醫頭，腳痛醫腳的方法，而是積極地利用矛盾的方法，這也是非常具有創意與樂趣的方法。故意讓自己置身於矛之中，本身就是一種「遊戲」。請大家務必多累積「遊玩於矛盾之中」的經驗。

話說回來，不需要突然給自己安排什麼大挑戰，只需要試著做一些自己本來不太擅長的事情，或是上班上學的時候，故意走不一樣的路。這些「遊玩於矛盾之中」的經驗最終能讓你擁有實戰矛盾思考的能力。

當我們不斷地於矛盾之中遊戲，我們的見聞也會有所增長。株式會社 MIMIGURI 經營的網站 CULTIBASE 也準備提供本書作者的對談影片，或是舉辦相關的線上活動與實踐型線上講座。

有興趣進一步了解矛盾思考的讀者，還請瀏覽這個網站：

https://www.cultibase.jp

最後要跟大家聊聊作者個人的想法。本書作者舘野與安齋，是研究所時期的學長與學弟，也是互相切磋的好夥伴，更是彼此的摯友。兩人從認識之後，就希望兼顧「研究與實踐」，也為了各種情緒矛盾而煩惱。

之所以會一起撰寫本書，是因為兩人曾經一起解決各種情緒矛盾。如今的舘野「雖然在大學任職，卻也隸屬於企業」，安齋則是「一邊創業，一邊進行研究」，兩位作者也以「兼顧」(A and B) 這種互補的關係，打造共同的職涯。他們也覺得不能安於現狀，必須替彼此製造矛盾，繼續彼此切磋與琢磨。

本書就像是舘野透過自身專業的「領導力」，以及安齋透過自身專業的「創造力」，在互相討論，互相碰撞之下，全力撰寫的書籍。這本「符合實務與研究理論的書籍」之所以能夠問世，絕非只憑兩位筆者之力，還得到了許多人的幫助。

感謝編輯大矢幸世成為我們之間的觸媒，全面支援我們兩個。也非常感謝在本書的寫作與製作給予全面支援的編輯小川敦行。

最後還要感謝立教大學管理學部舘野講座的學生。舘野講座是於二〇二〇年新冠疫情爆發之際成立。「矛盾思考」也有許多部分來自與講座學生一起舉辦的活動。真的非常感謝這些學生。

新冠疫情爆發之後，人類社會的變化愈來愈快，我們也常不自覺地陷入「情緒矛盾」之中，但願本書能稍微幫助各位解決這類煩惱，帶著大家想出具體的解決方案。

二〇二三年一月

舘野泰一、安齋勇樹

圖表索引

國家圖書館出版品預行編目 (CIP) 資料

矛盾思考 : 翻轉兩難情境 , 找到問題的新解方 / 安齋勇樹 , 舘野泰一著 ; 許郁文譯 . -- 初版 . -- 臺北市 : 經濟新潮社出版 : 英屬蓋曼群島商家庭傳媒股份有限公司城邦分公司發行 , 2024.03
400 面 ; 14.8×21 公分 . --（經營管理 ; 183）

譯自：パラドックス思考 : 矛盾に満ちた世界で最適な問題解決をはかる

ISBN 978-626-7195-60-4（平裝）

1.CST: 矛盾 2.CST: 思考 3.CST: 決策管理

494.1 113001764